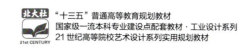

"十三五"普通高等教育规划教材
国家级一流本科专业建设点配套教材·工业设计系列
21世纪高等院校艺术设计系列实用规划教材

创意思维方法

朱钟炎　丁　毅　编著

北京大学出版社
PEKING UNIVERSITY PRESS

内 容 简 介

本书由创意思维篇、思维方法篇、方法运用篇三大部分组成，将创意创新思维原理、创意思维方法及方法的运用实践等知识点有序地进行整合，从理解、接受、运用到消化，形成系统的创意思维方法课程体系。创意思维是设计过程中必不可少的关键手段，是设计学各专业的一门重要的基础课程。

本书可作为大中专院校设计类专业教材（可以单独作为创意方法课程的教材，也可辅助结合专业设计课程使用），也可作为高等院校素质教育的辅助教材和参考用书。

图书在版编目 (CIP) 数据

创意思维方法 / 朱钟炎，丁毅编著 . —北京：北京大学出版社，2021.5
21 世纪高等院校艺术设计系列实用规划教材
ISBN 978-7-301-32107-2

Ⅰ . ①创⋯ Ⅱ . ①朱⋯ ②丁⋯ Ⅲ . ①创造性思维—高等学校—教材 Ⅳ . ① B804.4

中国版本图书馆 CIP 数据核字 (2021) 第 059694 号

书　　　名	创意思维方法 CHUANGYI SIWEI FANGFA
著作责任者	朱钟炎　丁　毅　编著
责任编辑	孙　明
封面原创	成朝晖
标准书号	ISBN 978-7-301-32107-2
出版发行	北京大学出版社
地　　　址	北京市海淀区成府路 205 号　100871
网　　　址	http://www.pup.cn　新浪微博：@ 北京大学出版社
电子邮箱	编辑部 pup6@pup.cn　总编室 zpup@pup.cn
电　　　话	邮购部 010-62752015　发行部 010-62750672　编辑部 010-62750667
印刷者	北京宏伟双华印刷有限公司
经销者	新华书店 889 毫米 x 1194 毫米　16 开本　8.5 印张　254 千字 2021 年 5 月第 1 版　2025 年 6 月第 5 次印刷
定　　　价	55.00 元

未经许可，不得以任何方式复制或抄袭本书之部分或全部内容。
版权所有，侵权必究
举报电话：010-62752024　电子邮箱：fd@pup.pku.edu.cn
图书如有印装质量问题，请与出版部联系，电话：010-62756370

前　言　　Preface

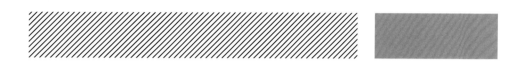

　　自有人类社会以来，从人类为了生存而制造各种工具起，就有了创意与设计。发展至今，设计已成为现代社会发展的重要推动力。设计是科技成果应用、协调、整合的过程。没有创意的设计不能称为设计，设计过程就是创造过程，创意是设计的灵魂，而设计思维则是提出创意的方法过程。

　　设计的本源是解决问题。产品设计是解决问题的重要手段之一，而设计创意是理想设计结果的保证。

　　创意思维课程在整个设计学相关设计课程中好像并不起眼，但却是影响设计优劣的关键因素。用人来比喻，创意思维课程就好比是人的思想灵魂，一个没有思想灵魂的人等同于行尸走肉，一件没有创意思维的设计就称不上设计。设计是解决问题、满足需求的过程和手段，而创意思维方法是提高这一过程和手段的效率、获取最佳结果的重要保证，尤其对于原型（Prototype）原创的提出来说，具有举足轻重的作用。

　　本书的特点是"开门见山"地介绍11种创意思维方法，即先详细介绍每一种创意思维方法，然后结合案例进行针对性的练习。本课程的教学过程主要是让学生进行训练，掌握创意思维的方法，课程安排可以是独立训练，也可以结合专业课程进行实践操作，进而强化训练。对创意思维方法的使用，要根据课题项目的具体情况，可以单独使用一种方法，也可以结合多种方法同时使用。由于个体学习掌握喜好和熟练程度存在差异，不要拘泥于必须使用哪种方法，要灵活选用。

　　由于编写时间仓促，编者水平有限，书中难免存在不妥之处，敬请广大读者批评指正。

编　者
2020年10月

"十三五"普通高等教育规划教材
国家级一流本科专业建设点配套教材·工业设计系列
21世纪高等院校艺术设计系列实用规划教材

创意思维方法

目 录

第一章　创意思维篇	007
一、创意思维方法课程的作用与要求	010
二、两种思维模式	010
三、打破传统思维定式	011
四、思维模式的运用	012

第二章　思维方法篇	015
一、联想刺激法	016
二、集团发想法	025
三、信息顿悟法	028
四、信息组合法	033
五、类比适合法	039
六、创意收集法	041
七、形态创意法	045

第三章　方法运用篇	051
一、Mapping 法案例	052
二、思维导图法案例	058
三、635 法案例	066
四、信息资料法案例	073
五、目的发想法案例	088
六、象限分析法案例	094
七、KJ 法案例	099
八、NM 法案例	107
九、7×7 法案例	115
十、系统造型法（五段法）案例	120
十一、基本形态扩展法（造型训练法）案例	128

"十三五"普通高等教育规划教材
国家级一流本科专业建设点配套教材·工业设计系列
21世纪高等院校艺术设计系列实用规划教材

创意思维方法

"十三五"普通高等教育规划教材
国家级一流本科专业建设点配套教材·工业设计系列
21世纪高等院校艺术设计系列实用规划教材

第一章

创意思维篇

● 本章要求与目标

要求：了解什么是创意思维方法，以及创意思维方法在设计过程中的重要性。

目标：培养学生认识并养成创意思维的习惯，明确创意思维课程不仅对于高校学科教学有很重要的作用，而且对于社会实践有着不可或缺的现实意义。

● 本章内容框架

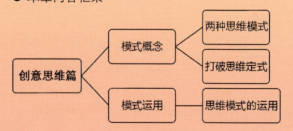

第一章
创意思维篇

　　创意思维方法，也可称作"设计创意方法""创意发想法"等，尽管说法不同，但实质是一样的，编者比较赞同"创意发想法"的说法。其实，"发想"这个词是外来语，中文没有这个词，就像"干部""经济"这些名词一样是从日语汉字中引入的外来语。"发想"这个词既形象又生动，创意需要发散地去想，墨守成规地去想是不可能有创意的。所以，"发想"就是发散地去想，进行发散思维。言简意赅，"创意发想法"就是"创意思维方法"之意。

　　创意思维需要想象力，而想象力则需要发散思维。创意思维方式有逻辑思维（Logical Thinking）、发散思维（Divergent Thinking）等不同的思维方式。

　　（1）逻辑思维是一种符合事物之间关系（合乎自然规律）的思维方式，也是一种遵循传统的形式、逻辑的规则的思维方式，也称为"抽象思维"（Abstract Thinking）或"闭上眼睛的思维"。逻辑思维是一种确定的、非模棱两可的，前后一贯的、非自相矛盾的，既有条理又有根据的思维形式。在逻辑思维中，要用到概念、推理、判断等思维形式，以及分析、比较、概括、抽象、综合等方法。

（2）发散思维也称扩散思维、辐射思维、放射思维或求异思维。发散思维是一种在思维时呈现扩散状态的思维模式，其特征表现为思维的视野比较开阔，思维状态呈现多维发散状。如"一物多种象征""一词多义""多种用途"等形式，可培养人们的发散思维能力。所以，许多心理学家的观点是，发散思维是创造性思维的一种最主要的特点，也是衡量创造力的主要标志之一。

但是，从创意思维方法的研究角度来看，不仅发散思维是创造性思维的重要模式，逻辑思维也是创造性思维的重要模式。在本书介绍的创意思维方法中，就有两种思维模式方法，且部分方法需要交替使用两种思维模式。

图1-1为创意思维方法归纳示意图。需要说明的是，创意思维方法还有很多种（有些方法的名称虽略有不同，如前后位置不同等，但实质是一样的），此图仅罗列了有代表性的、常用的一些创意思维方法。图中的创意思维方法没有在本书中全部介绍，本书只选择了部分有代表性的创意思维方法，并增加了艺术设计比较注重"形态创意方法"的"五段法"与"形态扩展法"（图中未列入）。

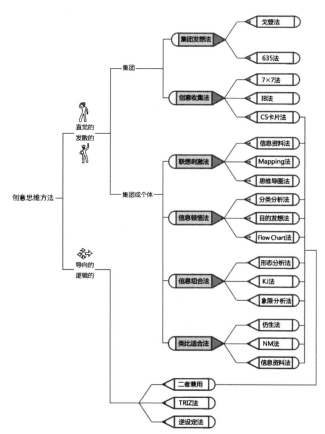

图1-1 创意思维方法归纳示意图

一、创意思维方法课程的作用与要求

创意思维方法课程不仅对高校学科教学有很重要的作用，而且对于社会实践更有着不可或缺的现实意义。

首先，研发对企业来说是生存的支柱，对经济发展有着举足轻重的作用。对研究开发来说，设计是灵魂，而创意则是设计的精髓。创意思维方法课程的目的就是通过大量的思维训练和思考方法的介绍，来引导学生用一种更为理性的方式捕捉创意，进行设计实践，从而提高课程的教学质量。

其次，创意思维方法课程作为学科主要的支柱课程，对于培养优秀的专业人才至关重要。从一个更高的层面上来说，学会用一种创造性的思维方法思考，不仅对设计专业的学生来说很重要，而且对其他专业的学生来说也是必不可少、大有益处的。

最后，依据创意思维方法课程的基本要求，学生可掌握各种创意思维方法，并能在实践中运用各种创意思维方法解决问题，从而提高专业实践中的设计开发能力。

由于创意思维方法课程重视理论性与实践性相结合，重视基础理论与基本知识的内容比例，因此能使学生既掌握创意思维方法的基本理论知识，又掌握各种创意思维方法运用的技巧。

创意思维方法课程的教学，要求引导学生参与产、学、研活动，积极投身于实践设计，以生动形象的辅助教材和教学手段调动学生的学习积极性，激发学生的设计潜能。本书以简单明了的图表来帮助学生理解思维工作的模式，将思维方式形象化、具体化地展示给学生，并给出许多具体的实例进行分析，帮助学生理解和进行实际操作应用。

二、两种思维模式

在设计类专业中，由于对设计有两种不同的理解，由此产生两种不同的思维模式，所以就形成以下两种不同的设计结果。

A类思维模式：从功能的角度出发的思考，是理性的思维模式（理工系），主要是逻辑思维与发散思维结合，并以逻辑思维加以整合。这类思维模式涉及范围广，知识面涵盖理、工、自然、社会等所有学科，技术含量高，重视功能，强调人性化、交互体验、解决问题。

B类思维模式：从感性艺术的角度出发的思考（美院系），是以发散思维为主的思维方式。这类思维模式重视形态、美感、趣味，技术含量低，强调外在的形式感觉。

A类思维模式是真正设计所提倡的思维模式，是真正能为人类社会解决问题、满足需求的手段。它不是简单的"科技＋艺术"，而是科学地将人类的知识合理地加以整合，以求取得适宜的结果。对于设计的结果，不应以简单的好坏来评判，而应以合适不合适来区分，所以"设计没有最好，只有更好"，不断完善、不断提高才是设计的本意。

B类思维模式是早期的设计思想，仅是简单地强调造型创意，关注的重点在造型形态上，只要求美观，对学生的评价也是看重效果表达的漂亮，致使其设计的东西往往中看不中用。类似这样的设计解决不了人类社会的许多问题和矛盾，不是解决问题的真正意义上的设计。

因此，A类思维模式是真正意义上的设计行为。但是，要让设计过程最终拿出理性的成果，对设计师来说，必须要有合理的思维逻辑和优秀的创意，因为创意是设计的灵魂。要做好设计，离不开创意思维方法。设计是一个创造性的思维过程，创意思维必须打破常规、打破传统的习惯性的思维模式，才能独辟蹊径，令人脑洞大开、灵感频闪，进而获取常人意想不到的新颖概念。例如，大家都认为黑板是黑的，为什么不能反向思考一下，将黑板做成白的？或者跳跃地思考一下，为什么黑板不能做成其他颜色的呢？如做成深绿色，这样不就打开脑洞了吗？

三、打破传统思维定式

创意思维方法课程就是要培养创造性思维模式，首先，要打破传统思维定式，不能因循守旧，被习惯性思维束缚，必须有意识地养成摒弃传统思维的习惯，敢于大胆设想，并有根据地提出独特的创意想法。其次，可以通过创意思维方法来训练创造性思维模式。创意思维方法种类繁多，是人们经过长期的社会实践，根据不同场合、不同对象、不同用途提出来的。对于创意思维方法的使用者来说，由于个人情况的差异、对工具的适应与偏好的差异，因此进行创意思维方法训练及对于创意思维方法的选用，可以选择适合自身情况的创意思维方法以获得最佳效果。再次，创意思维方法的训练必须通过不断实践来熟练应用创意思维方法。最后，创意来源于生活、来源于实践，因此知识面的广度与深度、"师法自然"的理念、对自然界及社会生活的观察与积累是创意产生的重要保证。

有种认识上的误区，认为创意是不可捉摸的灵感闪念。做设计，有时看来好像是突然的一个灵感闪念，但即便脑洞大开的一个灵感闪念，也是有生活积累的，只是你没有意识到而已。而进行创意思维方法的训练，就是让你能够通过一系列科学有效的设计方法来有意识地捕捉创意、提炼概念。要做好设计，创意思维方法不能不学。

需要指出的是，设计并不是科学实验，仅仅掌握了创意思维方法并不一定就能做出好设计来，关键还是要拓宽自己的知识面，不断完善知识结构，以及对生活经验进行积累和提炼。设计过程是一个理性加感性的过程，因此设计要做到用眼观察、用心感受、用脑思考、用手实践，只有这样设计才能首先感动自己，进而造福社会和人类。

在设计创意思维的过程中，主要基于事物发展的规律去考虑。任何事物都有一个从诞生、成长、成熟到衰亡的过程，即生命周期的过程。同样，设计应该从产品生命周期的角度出发去思考，因为生命周期的每个特定阶段都有其自身的特点和要求，而这些必须在设计开始阶段就要考虑清楚，人有人理，物有物理，事有事理，系统有系统的原理。对问题加以层层剖析，不仅解答了人们在设计时面对问题的困惑，而且从本质层面展现了事物的价值所在。因此，在进行设计创意思维时，运用考虑事物本质的事理学，也是创意思维的重要出发点之一，是对功能设计创意思考的依据。如创意思维方法之一的"目的发想法"就是一个很实用的创意演绎工具。

四、思维模式的运用

在进行设计创意时，究竟使用哪种思维模式呢？一般来说，要交替使用逻辑思维与发散思维。逻辑思维是根据问题的因果关系进行推理式的创意思维，发散思维是为解决问题的方式方法进行的创意思维，如图 1-2 所示。

在不同的设计阶段，可以选用不同的创意思维方法，如图 1-3 所示。

在得到大量创意之后，要对创意进行筛选，选取有价值的、可行的创意，还应对选用的创意进行深化完善，要根据不同阶段的需求，选用适合的创意思维方法，如图 1-4 所示。

逻辑思维 ➡	发散思维 ➡	逻辑思维
分析、原理、方式	运用发散、创意手段	整理创意、分析可行性
NM法	信息资料法	
属性列举法	Mapping法	
KJ法	思维导图法	
Flow Chart法	635法	
反向思维法		

图 1-2 创意思维方法示意图

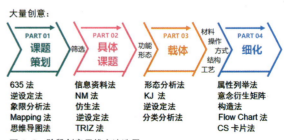

图 1-3 阶段创意思维方法选用

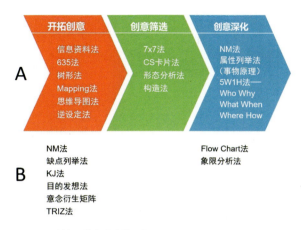

图 1-4　创意思维方法选用示意图

在进行设计创意过程中，根据不同的设计元素有不同的创意切入点，概念阶段有概念创意，考虑形态时有形态创意，诸如此类还有功能创意、结构创意、材料创意、工艺创意、技术创意、交互创意等。

创意思维方法课程主要讲授创意的基本概念、创意思维的方法，以及设计领域创意思维方法的基本知识和运用。该课程可以与具体的设计课题或设计竞赛结合，学生每次参与设计竞赛之后要进行分析，要求对具体案例进行剖析，或结合相应的项目或竞赛项目进行剖析，通过理论与实践的结合来巩固对创意思维方法课程的理解。对于设计类专业的学生来说，要能够突破思维的限制，从形态、材料、技术、交互、功能、服务等方面提炼创意。对于其他专业的学生来说，要能够跳出固定思维的限制，用"事理学"系统的观念去考虑问题，用创意思维方法的思维方式更好地去解决实践中碰到的问题。

● 本章习题

1. 阐述创意思维方法在设计过程中的重要性。
2. 两种思维模式的特点各是什么？为什么要打破传统的思维定式？
3. 如何在设计的不同阶段运用思维模式与方法？

"十三五"普通高等教育规划教材
国家级一流本科专业建设点配套教材·工业设计系列
21世纪高等院校艺术设计系列实用规划教材

创意思维方法

第二章

思维方法篇

● 本章要求与目标

要求：了解本章介绍的11种创意思维方法及其具体操作过程。

目标：通过学习本章知识，初步掌握11种创意思维方法，养成创意思维的习惯，并能熟练地运用到今后的设计实践中去。

● 本章教学框架

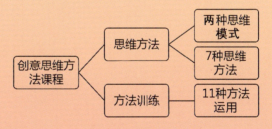

第二章
思维方法篇

一、联想刺激法

心理学上有下意识思维和有意识思维。联想刺激法是将下意识思维与有意识思维相结合进行思考的一类创意思维方法。

人类的很多思维都是在下意识状态下进行的，但人类往往自身意识不到，主观上也觉察不出，这种思维称为下意识思维，也可以叫作直觉。有时候，受一些外界因素的刺激（如情景、语言、图像、声音等）引起的联想和回忆，甚至是发散想象，在创意思维方法方面，人们就会有意识地利用下意识思维，运用联想刺激法来激发创意思维。这里主要介绍 Mapping 法、思维导图法、信息资料法 3 种方法。

1. Mapping 法

（1）Mapping 法示意图，如图 2-1 所示。

（2）Mapping 法定义。

使用 Mapping 法时，在一张纸上进行操作，先把主题词写在纸的中央，根据直观感觉自然地向四面八方映射发散，再发散式地进行联想（欧美把它称为 Game），并将发散思维的轨迹记录下来，最后对有启发的创意点进行筛选整理。

（3）Mapping 法操作方法。

前期准备：

① 一张空白纸（纸张尺寸尽量大）。

② 几支彩色笔。

③ 主题词。

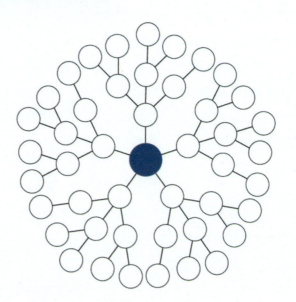

图 2-1 Mapping 法示意图

操作步骤：

① 首先确定一个主题词，然后用笔把主题词写在纸的中央。

② 大胆敞开思维，针对主题词进行联想。对联想到的关键词逐级联想递进，像树枝形式一样地发散出去。

③ 对记录的发散内容（关键词）、想法进行分组整理。

④ 筛选和提取出有启发的关键词，随后进行创意展开。

（4）Mapping法具体介绍。

人的大脑分为左脑、右脑，左脑支持逻辑、分析、语言，右脑支持直观的形象分析。大脑在运转时，左脑、右脑使用并不完全，一般情况下，使用左脑较多。Mapping法是根据关键词进行联想和自由创意发挥的，运用了右脑的直观特性，自由发散创意，同时运用了左脑的逻辑分析能力，使得左脑、右脑共同进行协调运转，从而能够促进左脑、右脑发育平衡。

在欧美国家，一般把Mapping法运用到脑生理研究中，作为能力开发的一种方法，同时在学校教育领域进行了广泛的运用。

Mapping法可以帮助我们自由发挥创意，得到更多意想不到的创意思维结果。例如，我们打算做一个策划，按照一般的思维方式，先写上一个主题词，根据顺序把所想的关键词记录下来，直到想不出创意为止。但是，如果我们运用Mapping法，则是把主题词置于纸（可准备A1纸）中央，大家围绕同一个主题词进行创意发散，大胆敞开思维，以360°进行发散，从一个主题词发散出关键词，再进行更加深入的思维发散。不同的创意分支可以用不同的颜色进行区分，这样会帮助我们更加清晰地理清思路。Mapping法的运用，使我们有更大的发挥空间，从而得到大量的创意想法，最后进行分类、整理和筛选。与普通的思维方式相比，Mapping法给我们提供了更加丰富有效的创意结果，既有天马行空般的无限创意，又有理性的分析整理，而最终得到的创意也是更有价值和意义的。

2. 思维导图法

（1）思维导图法示意图，如图2-2所示。

（2）思维导图法定义。

思维导图法是一种组织性的思维方法，是一种具有创造性的、有效记录的方法。它用文字和图形将你的想法记录并"画"出来。思维导图法用起来非常方便，简单有趣。

思维导图法是另一种形式的Mapping法。它的特点是除了关键词之外，还增加了"图形"的表达形式。

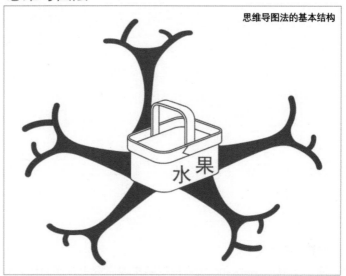

图 2-2 思维导图法示意图

（3）思维导图法操作方法。

准备材料：

① 一张空白纸（纸张尺寸尽量大）。

② 钢笔、铅笔及水彩笔。

操作步骤：

思维导图法绘制第一步：每个人都有与生俱来的绘图能力（不需要进行专业美术训练）！思维导图法的工作方式与大脑的工作方式一样，大脑的工作程序很简单，就是想象和联想。下面我们尝试一下：

关注下面的词语，闭上眼睛半分钟，大脑开始思索运转……

"水果"

想到了什么？只是纸面上的文字"水果"？当然不是！可能你的大脑中呈现出最爱吃的水果，或是一篮各种各样的水果，或是一家水果店，或是一片果园等。我们的大脑中可能出现了不同颜色的各种水果，并且似乎闻到了水果的清香。这是因为，我们的大脑能根据生活的经验，进行发散性的感官想象与联想，运用词汇思维来触发各种想象和联想，于是脑海中就出现与各种联想思维相关的、具有个性化的生动场景。由此证明，人的大脑天生就具有绘制思维导图的潜能。

大脑——自然；随意的表达工具——思维导图

想一想，刚才用了多久找到水果的图像？大多数人应该回答是"马上"。在日常谈话中，人们能轻松自如地立刻"接收"到源源不断的"数据流"，以至于没有注意到自己的大脑正做着超级计算机、设计师想做却做不到的事情。

下面开始以"水果"为题绘制思维导图：

首先，打开一张白纸（以小组进行，选用 A1 以上的纸），用水彩笔在纸的中央画出想象中的"水果"形象。

其次，以"水果"图形为中心开始向四周放射画一些粗线条。这些线条分支表示引出关于"水果"的各种想象与联想，并写下关键词或画上图形，关键词和图形的数量不限。

最后，用联想来扩展思维导图。回到绘制的思维导图上，看看在每一个主要分支上所写的关键词。这些关键词是不是让人产生更多的联想（关键词或图形）？根据联想到的事物，发散出更多的分支线，可用上一级关键词来触发灵感。完成与第一阶段相同的工作，在这些等待填充的分支上写下新的关键词，别忘了在这些分支上使用颜色和图形。

爱因斯坦说："想象比知识更重要。"达·芬奇是把思维导图法应用到思维领域的完美典范，他的科学笔记充满了各种图形、符号和联想。他认识到，可以用图形、符号和联想来释放大脑的无穷潜能。思维导图法使人感到"只要能想到，没有做不到"。

（4）思维导图法具体介绍。

如果把人的大脑比作一个图书馆，那么大脑中的知识就是图书，而你就是这个图书馆的首席管理员，你可以做到：

① 多一些馆藏，把图书（信息）变得有秩序，便于查找。

② 图书（信息）不会杂乱地堆积，可以有条不紊地找到它们。

③ 拥有出色的数据检索系统和存取功能，能够方便地抓住大脑中的任何闪念。

思维导图法对于大脑中那个巨型图书馆来说，就是出色的数据检索系统和存取工具。

要把信息"放进"大脑，或是把信息从大脑中"取出"，思维导图法是最简单、有效的方法。因为当使用思维导图法时，每一条新信息都会自动地与大脑"图书馆"中已有的信息"对接"起来。这种相互链接的信息越多，就越容易"钓出"需要的信息。使用思维导图法，可学到更多知识，并且更容易学到更多的东西。

思维导图法可以帮助人们产生更多的创造力，节省时间，解决问题，集中注意力，对人们的思维进行梳理并使之逐渐清晰，以良好的成绩通过考试，更好地记忆，更高效地学习，看到"全景"，制订计划，与人沟通……

每幅思维导图都有一些共同点：都使用颜色，都有从中心向四周发散的自然结构，都使用线条、符号、关键词和图形，都遵循一套简单、基本、自然、易被大脑接受的规则。

思维导图法可以把枯燥的信息变成彩色的、容易记忆的、有高度组织性的图形，它与我们大脑处理事务的自然方式相吻合。

思维导图就像一幅街道地图一样，如图2-3所示。

① 绘出一个大的主题或领域的全景图。

② 对人们行走路线做出计划或选择，使人知道正往何处去或去过何处。

③ 把大量数据集中起来。

④ 使人能够看到新的、富有创造性的解决途径，从而有助于人们解决问题。

⑤ 使人乐于看它、读它、思考它并记住它。

通过对比街道地图与思维导图可以发现：

① 城市的中心——思维导图的中心，代表执行者主题的思维出发点。

② 从城市中心发散出来的主要街道——执行者思维过程中的主要想法路径。

③ 二级街道或分支街道——次一级的想法。

④ 特殊的图像或形状——兴趣点或特别有趣的想法。

⑤ 思维导图也是极佳的记忆路线图。

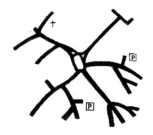 

街道地图　　　思维导图

图2-3　思维导图就像一幅街道地图一样

3. 信息资料法

（1）信息资料法示意图，如图 2-4 所示。

（2）信息资料法定义。

信息资料法作为一种创意概念生成的方法，顾名思义就是对信息资料的运用。它也是传统的创意辅助方法，信息资料包括平时搜集的与之相关的各种技术、原理、形态或设计的资料。使用信息资料法，通常搜集一些对设计功能、形态等具有解决方案意义的被记录下来的信息，当然也搜集生产、分析或者测试手段构思的概念信息。

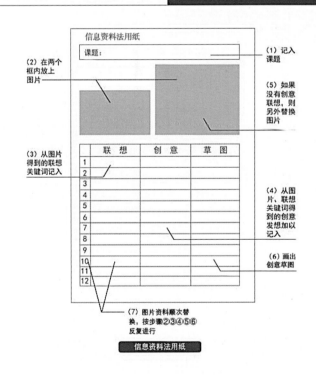

图 2-4　信息资料法示意图

(3)信息资料法操作方法。

① 准备信息资料法用纸,记入课题,如图2-5所示。

② 将参考资料图片放在信息资料法用纸页面上方的图片框内。

③ 将由图片资料得到的联想关键词记入信息资料法用纸相应位置。

④ 将由图片资料及联想关键词等得到的创意发想记下来。

⑤ 如果没有创意联想,则另外替换图片。

⑥ 如果创意有相应的创意草图,也可画出来(如果设计者是设计类专业的学生,则必须将创意视觉化,画出创意草图)。

⑦ 图片资料顺次替换,按步骤②③④⑤⑥反复进行。

(4)信息资料法具体介绍。

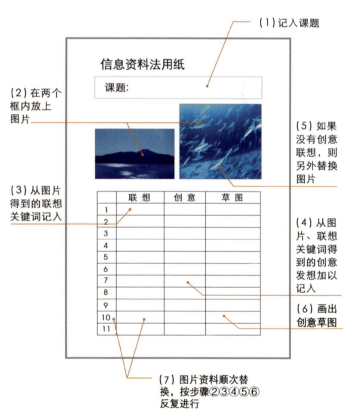

图2-5 信息资料法用纸

正如牛顿所说："我之所以比别人看得远，是因为我站在巨人的肩膀上。"这句话启示我们，概念不是凭空产生的。当然，首先，应避免受他人偏见的影响而直觉地生成概念；其次，不应该局限于对事物功能和子系统的单一解决方法，否则将很难进一步产生创新的概念。我们应该在充分分析利用前人有价值成果的前提下，进一步突破和创新。我们常说的"概念生成"，其同义词就是"整合"，即搜集、参考、分析、启发、提取众多的信息，整合成新颖独特的创新概念。我们生活在信息时代，沉浸于无自我意识的信息海洋中，因此在进行创意过程时，必须首先成为一个有意识的信息"整合者"，对信息进行分析、启发、提炼、升华，然后才能形成新的创意概念。

面对浩瀚的信息海洋，人们在信息搜集的过程中常会不自觉地被淹没或迷失方向，因而信息源的使用分类是很有必要的。图2-6显示了信息资料法原理与注意点。

在这个分类中，一个最主要的类别就是文献资料。这类媒介是一个巨大的信息源，包括专利、学报、政府报告、型录、教科书、消费品期刊和各种产品信息等。在产品（人造物）的领域，为了理解当前的技术水平，进行专利的搜索是十分必要的。这也有助于搜集到解决类似问题的产品，虽然它们可能处在完全不同的领域。

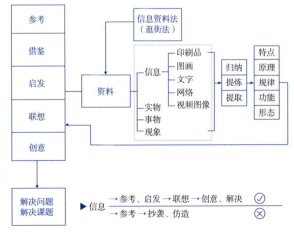

图2-6　信息资料法原理与注意点

除了文献资料，信息也可以从类似的地方搜集到，如网络、试验测试和其他渠道。类似渠道包括在不同领域操作的相似的产品或人造物，因为它们在结构或者功能上与将要解决的课题创意概念有内在的关联因素。例如，解决一台吸尘器工作过程中"噪声大"的问题，与吸尘器存在类似问题的产品包括其他电力工具、音响、汽车、飞机和食品加工处理设备等。通过研究这些产品的解决方法，可以为当下的课题找到类似的解决方法。

总之，众多的信息源都能提供一个能收获有价值概念的信息渠道。这些信息可以用来为你目前着手的课题生成新的创意概念。

在概念设计阶段所生成的概念的广度和新颖程度也体现了研发团队对信息处理能力的基本素质。"知识就是力量"，并且这一力量催生了创新性的观念。我们必须对前人知识资源信息的搜集、解析、启发、参考投入可观的研究精力，这样才能将消化信息产生的创新概念通过我们的手体现出来。作为设计师或工程师，明确了这个程序，也就认识到自己就是从现有信息中转化产生创新概念的"信息整合创新者"。

二、集团发想法

俗话说，"三个臭皮匠，顶个诸葛亮""众人拾柴火焰高"……我们历来认为集体的智慧大于个人的智慧，这是从创意思维的角度出发的，更是从数量到质量的转化过程。也就是说，有质量的创意思维非常重要，而在一定数量的基础上进行筛选得出有质量的、有价值的创意思维更是创意活动的关键。由于个人的背景、资历、学识、个体的差异，所以在集体进行创意思维活动时，会涌现出大量的、有特色的不同的思维创意点，在此基础上再进行有意识的逻辑思维归纳筛选和整理，从而得到有价值的创意概念。这里介绍号称静悄悄的书面集思广益法（BRAIN STORMING）的德国人的集团发想法："635法"，以及改良后的635法（BRAIN WRITING）。

（1）635法（BRAIN WRITING）示意图，如图2-7所示。

（2）635法定义。

"635法"的名称来源于其操作方法："6"人团队围桌而坐，"5"分钟内每个人想出"3"个创意想法，并将创意想法写在专用纸（635法卡）上。

（3）635法操作方法。

635 法

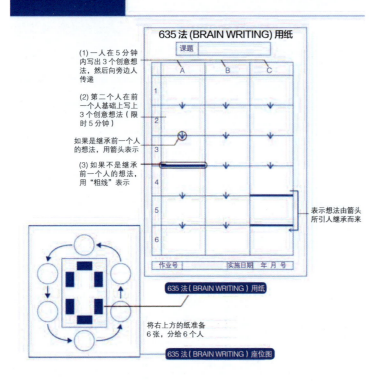

图 2-7　635 法（BRAIN WRITING）示意图

635 法的 3 个步骤：

步骤一，准备 6 张专用纸（一般为 A4 规格纸张），与会者一人一张，每张纸上事先画上横向 3 格 × 纵向 6 行的表格。

步骤二，开始后，每人根据课题在第一行写上 3 个创意想法，大家写完后传递给旁边的人，顺、逆时针传递均可。

步骤三，与会者接到前面同伴的创意纸后，可在同伴想法之后，将受启发得到的新的创意想法写在第二行的 3 个空格中，再传递到下一个人的手上。如此传递 6 次。

于是在 30 分钟内，涌现了 108 个创意想法 [6 个人（6 张纸）× 每次 3 个创意想法 ×6 次 = 108 个创意想法]。

(4) 635法与635法(BRAIN WRITING)特点介绍。

635法是由德国一家商业咨询公司的一位名叫霍利肯的人发明的。出于文化原因，德国人对于美国人那种热热闹闹的头脑风暴法并不适应，于是创造出了635法。应用635法，与会者不用发出声音，只要在纸上静悄悄地写上自己的创意想法就可以。

德国一个研究所对原始的635法进行了改良，推出了改良后的635法(BRAIN WRITING)，BW法。改良点在于：必须明确地表示出对于别人的创意想法是受其影响启发，还是不受影响而自己另有创意想法。具体而言，在前一个人创意想法的基础上，你如果是继承他的想法，就画上"箭头"；如果不是，就画上"粗线"。635法(BRAIN WRITING)用纸(表示方法)如图2-8所示。

最后，将108个创意想法进行分类、归纳、整理，根据课题提出有价值的创意点。创意想法整理的方法可以参考本章"六、创意收集法"中介绍的"7×7法"。

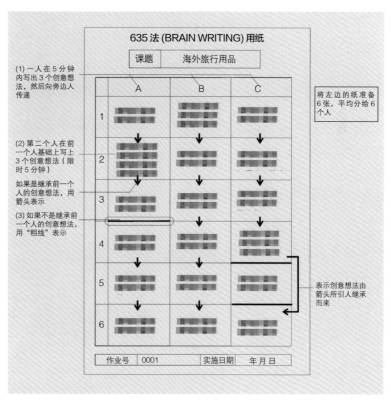

图2-8　635法(BRAIN WRITING)用纸(表示方法)

三、信息顿悟法

格式塔心理学认为学习是通过顿悟过程实现的,对于问题的解决,只需"自由地、虚心地正视情境,看整体,力求发现问题同情境怎样关联",就有可能直达问题的解决方案。解决问题的过程是在提出一些"假说",而建立和验证"假说"必须依赖以往的相关经验。因此,学习包括知觉经验中旧有结构的逐步改组和新结构的豁然形成,顿悟就是以对整个问题情境的突然领悟为前提的。在清楚地认识到整个问题情境中各种成分之间的关系时,顿悟才会出现。换言之,顿悟是对目标和达到目标的手段与途径之间的关系的理解。作为创意思维方法的信息顿悟法,就是肯定人的能动作用,强调心理具有一种组织的功能,把解决问题的创意思维过程(也就是学习过程)视为个体主动构造完形的过程,强调观察、顿悟和理解等认知功能在学习(过程)中的重要作用。这里结合信息顿悟法中的"目的发想法"来讲解。

(1)目的发想法示意图,如图 2-9 所示。

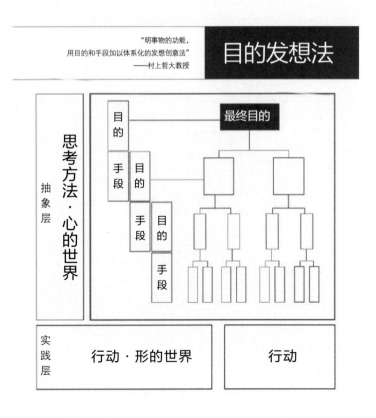

图 2-9 目的发想法示意图

（2）目的发想法定义。

目的发想法是有目的、有方向意识的发散，是一种有逻辑的发散思维方法。目的发想法也可认为是思维导图法、Mapping 法的变种，通过观察、经验、学识的积累，有意识地、有逻辑地层层剥离，不断细化，直到顿悟，即可达到水到渠成的目的。

（3）目的发想法操作方法。

首先，写出需要解决问题的总目的；其次，往下发散写上考虑为达到此总目的所采用的手段；最后，如果这些手段还比较概念化，则以这些手段作为次一级目的，并考虑为达到这次一级目的应采用何手段，往下发散写上。以此类推，将手段作为次二级目的，如此反复进行直到不能再分为止。如此这般形成多层金字塔状的发想模型，将其中不能再细化的手段整理出来，就是实现金字塔顶总目的的创意（手段）。

（4）目的发想法具体介绍。

目的发想法，首先确定解决问题的总目的。以制作新的橡皮为例：制作橡皮的目的从狭义上来说是"擦去不要的文字"，如果稍微扩大些功能，则是"除去不要的部分"。其次，考虑以此为目的的手段。如"不要的部分如同削去一层膜那样加以去除""除去不需要部分的颜色""将错误的部分加以覆盖遮蔽"等。这些是达到目的的方法与手段，也是中间的目的，再进一步考虑达到这中间目的的手段是什么。以此类推，反复进行到不能再分为止。

为了如同削去一层膜那样的以除去为目的，则"将细砂掺和进橡皮，做成'砂橡皮'擦拭"；为了除去颜色，则"用漂白剂进行漂白"；为了覆盖遮蔽，则可"用白色的覆膜加以遮盖"；等等。如此这般，各种创意想法就源源不断地产生了。如在创意过程中不拘泥于用什么样的橡皮，就可产生预期的橡皮创意可能性。如果要求必须是橡皮的话，那么就调整关于橡皮的目的想法。橡皮不仅仅只有"将不要的部分加以除去"的功能，如果考虑让橡皮具有"让办公作业更加有乐趣"的附加功能，那岂不是很有趣吗？

如果只考虑"除去不要的部分"的手段，反向思维考虑笔的因素有：一般有许多笔迹是不容易除去的，如果开发容易除去圆珠笔笔迹或墨水痕迹的笔，则会是个有趣的新创意。如果将此手段作为目的，则要考虑使用怎样的功能手段，随之而来的形态、材质、气味等各种创意发想就会涌现出来。

目的发想法的两个阶段如下所述。

阶段一：形成多层金字塔状的发想

目的发想法的创造者是土佐女子短期大学秘书科的村上哲大教授。他对该方法的说明是，"明确事物的功能，用目的和手段加以体系化的发想创意法"。

单从"开发新的产品"去考虑，是很难产生新的创意想法的，而且从某一产品的自身去思考，也是达不到预期设想的。如果使用目的发想法，按目的与手段的顺序去思考，短时间就会有很多创意想法涌现出来，从中可以得到意想不到的结果。

根据目的发想法分析事物，目的与手段是重叠的。例如，"文字擦去"的目的是"订正文章中的错误内容"，其上一级的目的是"做成漂亮的文章"。然而，"文字擦去"作为目的，是下一级的手段需要去思考的。为了扩展，作为下一级手段进行选择，整体呈多层化的金字塔状。这个构造如果绘成示意图，那么事物的目的与手段的整体形态及相互关系就一目了然了，如图2-10所示。

课题			
打招呼	上一级的目的	给对方好感	目的
	本身功能	感觉很好	手段／目的
	下一级的手段	笑脸相迎	手段

课题			
打招呼	上一级的目的		目的
	本身功能		手段／目的
	下一级的手段		手段

图2-10 功能展开纸片

这个方法不仅适用于开发产品，而且适用于管理行业、服务行业或其他行业的创意开发。

阶段二：用目的发想法实现合理化

村上哲大教授从儿时起，就实践了目的发想法。根据父亲的吩咐，村上哲大兄弟俩在分开的两块田里各人干各人的活儿，所以效率很低。于是，他就思考为了什么目的做这项工作，兄弟俩合理分担了工作，想出了提高效率的作业方法，工作量减少到以前的一半。他长大后找工作时，也使用了目的发想法。当时，大公司除了录用指定学校推荐的人才以外，其他人才一概不予进行就职测验。村上哲大就用目的发想法对就职测验的目的进行分析并附上结果，以一封"对贵公司来说，就职测验是最适宜的手段"为题的信，有目的地发送给该公司的10位就职负责人。结果9位负责人改变了做法，对外招聘使用了就职测验的方法，从而可以招到更多优秀的人才。

村上哲大当时被东洋软木工业公司[即现在的马自达（MAZDA）]录用，其在公司也使用了目的发想法，使得工作业务能够合理化地进行和开展。在石油危机时代，该公司的经营濒临危机，作为事务管理科长的村上哲大，为了合理地将目的发想法在全体职工中进行实践，他将"某个业务的目的是什么？有没有别的手段可使用？"来作为经常解决问题的方法，减少了浪费，此举使得公司的管理效率轻而易举地提高了20%。

对于目的发想法，虽然谁都能简单地进行思维训练，但要取得较好的思维效果，还是需要技巧的。

例如，思考"腌咸菜用的石块是什么目的"，如果回答"为了吃美味的咸菜"，那么思考就半途而废了，创意也就很难产生。这样的回答是根据习惯产生的，对于腌咸菜的石块的功能根本没考虑。不要拘泥于习惯，应尽可能避免使用习惯语言，这就是目的发想法的技巧之一。腌咸菜的石块的功能是压榨蔬菜，其目的是把蔬菜中的水分压出，使美味更易浸透。从这个角度思考手段，那么不用石块也可以，用"装满沙的袋子"也行。而且，如果不用压榨，"用手拧出水分"等方法都可以，这样创意会不断涌现。

总之，考虑事物的动态，使用"功能展开纸片"非常方便，先决定课题，再分析自身动态（目的与手段），然后考虑上一级的目的和下一级的手段，如此这般反复叠重写上，如图2-11所示。

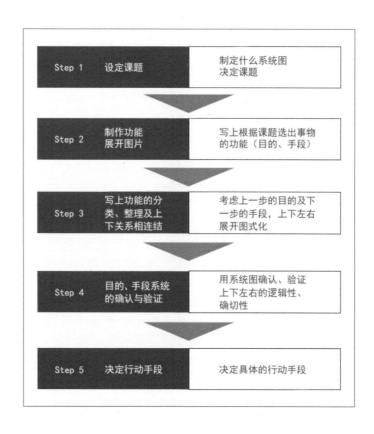

图2-11 目的、手段系统图

有些课题目的与手段想不出的情况也会时有发生。对物体课题的思考比较容易，但对事物课题的思考则比较困难。例如，以"增加销售汽车的营业额"为课题去思考手段，则比较困难。此时，如果使用"否定法"，则不是考虑"怎样做才能增加销售汽车的营业额？"这样的问题，而是提出"为什么提不高营业额？"汽车的销售营业额上不去的理由是什么，如果询问促销员，则会有诸如"顾客的追踪售后服务不足""汽车的设计不好""价格太高"等意见提出。这些负面问题如果能逆转的话，则就成为提高销售营业额的手段。

思考目的的情况一样，围绕"打招呼的目的是什么？"去进行思考，回答则很困难，如果反过来思考"不打招呼的话会变成什么样子？"则相对容易，如"会让对方感到不愉快""人际关系会变得紧张""自己的感觉也不好"等回答就会产生。这些问题逆转一下就是目的。

现在以具体的课题为例来践行目的发想法，如图2-12所示。

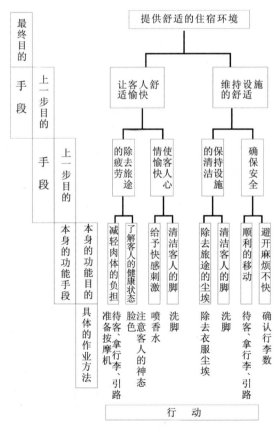

图 2-12　旅馆服务的目的、手段系统图

将旅客到达旅馆时的"洗脚、待客、拿行李、引路"等工作记在功能展开纸片上，进行思考，其本身的功能是"清洁客人的脚""给予快感的刺激""除去旅途的尘埃""了解客人的健康状态""顺利的移动"等。

从更高位置（上一级目的）思考的话，就是"使客人心情愉快""除去旅途的疲劳""保持设施的清洁"。将这些放进"目的手段系统图"，从下一级的手段向上一级进行细化，以便"洗脚""准备温热水""舒服的洗法"等产生。上一步的目的进行的话，接待部门的最高目的是"提供舒适的住宿环境"。如果是经营者的话，进一步连接上一步的目的，金字塔形也就变得更大。最高目的达到后，反过来思考下一步的手段，进一步发想，在"洗脚后，搬运行李"的服务以外，能找到哪些适合的服务。

作为服务的改善，应让旅馆的接待部门全体职工共同考虑，这样的图表制作并放置后，会产生新的创意，就更能理解工作的意义了，对重要的工作与不必要的工作的选择也更容易。

"不管如何，试试看"是目的发想法最重要的特点之一。目的发想法是谁都能对无意识做的事进行整理，并使之体系化，是简单易行的手法。在课题大的情况下，可用图表来把握整体的形态，如果是日常的细小事物，则只用思考目的与手段即可；如果是难题，个人的发想创意得出的结果会有差异，可以用目的发想法作为主轴，与"否定法"组合进行发想创意，其效果会更好。

四、信息组合法

都说现在社会信息泛滥，其实"信息"一直都存在，远古时期也存在信息，只要有事物就有信息，事物本身就携带信息。在解决问题及提取创意概念时，要收集与事物相关的各种信息，并进行信息的组合分析，而这些是从客观的逻辑思维进行的分析、归纳、启示、发散、联想，并最终获得创意概念、判断与结论。本章信息组合法主要介绍"象限分析法"与"KJ法"两种创意思维方法。

1. 象限分析法

（1）象限分析法示意图，如图2-13所示。

（2）象限分析法定义。

象限分析法有多种叫法，如"市场趋势分析图""产品属性分析""形象分析图""产品发展趋势图""商品市场分析图"等，因为借用了X轴、Y轴的4个象限作为分析工具使用，一般统称象限分析法。

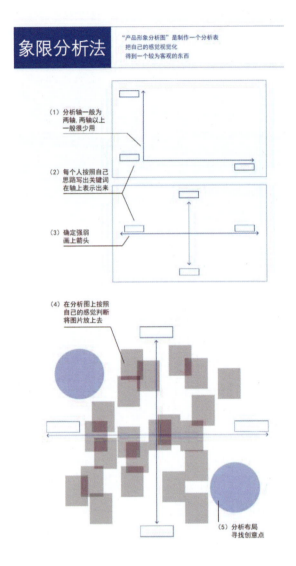

图 2-13 象限分析法示意图

（3）象限分析法操作方法。

象限分析法的 5 个步骤如下：

步骤一，通过网络、样本等方法收集资料，剪切或打印出样本上的图片（尽量多收集素材）。

步骤二，在一张大纸上根据以下要求设定一个分析图。

① 分析轴一般为两轴，即 X 轴和 Y 轴（一轴或多轴的分析轴一般较少用），如图 2-14 所示。

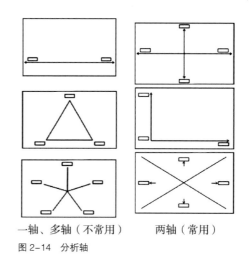

一轴、多轴（不常用）　　两轴（常用）

图2-14　分析轴

② 根据定位需要写上相关的关键词，并在轴上表示出来。

参考关键词：根据分析内容，考虑选用合适的一组关键词，关键词多为反义词（必要时不拘泥于反义词）。

个性的/平庸的	新的/旧的	现代/传统	普遍/地方
时尚的/实用的	朴素/奢华	彩色/黑白	动的/静的
公共的/个人的	东方/西方	可爱/可怕	特定/一般
温暖/冰冷	有机/无机	高档的/大众的	老人/青年
重的/轻的	国际的/民族的	都会的/地方的	游玩/严肃
真诚/矫饰	男性/女性	室内/室外	人机的/机械的
独特的/类似的	刚性/柔性	长期/短期	紧凑的/宽敞的
进步的/保守的	环保/公害	能动/被动	健康/病态
专业的/业余的	组合/分散	高价/低价	灵活机动/墨守成规

步骤三，确定强弱，并画上箭头。

步骤四，在分析图上按照感觉判断，将剪切下来的图片放到分析图相应的位置。

步骤五，审视分析图的全部内容，调整细部，确定后再正式将内容贴到分析图上。

（4）象限分析法具体介绍。

感觉原本是个人的感受，向别人传达并要得到认同是非常不容易的，但需要做这种传达的机会非常多，如商家的新产品发布会、产品研发成果汇报、各种交流会等。这时可以制作一个分析图，把分析的感觉视觉化，得到一个客观的东西，然后向别人进行传递。象限分析法是在研发的调查和开发阶段用得非常多的一种方法。

象限分析法是用自己的设计感觉去分析作为课题的商品，并根据商品所具有的性格特征在分析图上标出商品的位置。

2. KJ 法

（1）KJ 法示意图，如图 2-15 所示。

（2）KJ 法定义。

KJ 法（根据其发明人 Kawakita Jiro 姓名首字母命名）称为解决问题型的发想创造法，在设计界被称作"Re-design（再设计），对既有物加以改良的设计方法"。

市场已有的产品，可能存在各种问题，作为企业专业人员，首先需要对这些问题进行了解和掌握，为之后新产品的升级开发做参考。对于企业来说，经常以新的创意发想、创新思维着眼点去开发新产品或新的营运管理模式是非常重要的。一般企业的新产品研发分为两种：一种是全新的产品，即从来没有的新概念产品；另一种是普遍的在现有产品基础上升级换代产品，这种的升级换代产品开发最适合采用 KJ 法来进行。

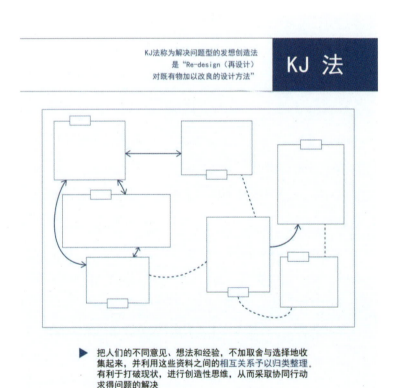

图 2-15　KJ 法示意图

（3）KJ法操作方法。

具体事物分析：抽出问题点，对问题构成要素进行系统的把握。

提出具体问题点：例如，市场上现有的产品存在的各种问题，从用户的角度将其提取出来加以详细分析。

操作方法：

步骤一，准备卡片（或不干胶、便利贴），一般应准备30多张卡片（多者不限），在每一张卡片上写上一个问题，问题尽量写得具体，应把感受直接写出来，然后对卡片进行分类整理。

步骤二，分类整理。

① 问题按组分类。

A. 相同或类似的问题尽量放在一起，组成一个问题小组。

B. 相关联的小组放在一起，组成一个问题中组。

C. 相关联的中组放在一起，组成一个问题大组。

注意：组是按照问题的独立性来分的，有时即使只有一张卡片（一个问题），也可以成为一个组。

最后进行全体分类整理，组确定后，便可将各组卡片固定下来。将卡片按组贴在A1规格纸张上。

注意：A1规格纸张上方留5cm左右空间，写上课题的名称。

② 画线。

A. 各小组用线圈出来。

B. 中组也用线圈出来。

C. 如有大组也用线圈出来。

③ 为每组标上小标题。

在每个小组、中组、大组上标出小标题。

在分析图上方的空白处放上分析图的总称（总称可用最有感想的一句话来概括，也可在总称后加上副标题加以说明）。

各组之间的关系可用以下记号表示：

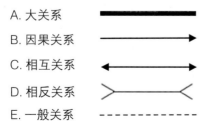

A. 大关系

B. 因果关系

C. 相互关系

D. 相反关系

E. 一般关系

参考问题及管理问题点举例：安全性、操作性、重量、形态、大小、色彩均匀度、加工技术、材料、功能、尺寸精度、组装紧密性、缝隙、成型边缘毛刺、操作顺序、交互性、携带性、人性化、无障碍、人体工程学、音质、服务体验、印刷文字、系统问题、环保、再利用、商品保证、售后服务、说明书、成本、团队组合、专业、效率、制度合理性、规范、运营、服务、经济性、利润……

(4) KJ法具体介绍。

对于已经进入市场的产品，平时使用产品的时候可能发现一些问题。在研发设计时，必须比平时更深入地观察，并发现问题。在每张卡片上记录一个问题，记录的时候要具体指出"哪个部分的设计有问题"，不要笼统地说"设计有问题"。根据确定的课题（目的），将经过这种找缺点的过程确定的问题卡片在大纸上（如A1规格纸张）整理出来。根据问题的内容、流向因果关系等因素有机地进行认识与把握，并将自己感受到的、思考到的东西用生动的语言记上小标题。作为一名设计师，有可能从分析的过程中找到下一阶段的关键词。

① 提出问题的要点。

A. 对产品的不满——从一般消费者的角度将不满意的问题提出来。

B. 用批判的眼光去观察——针对某一个产品来进行，当然可以看其好的地方，但主要是要发现其有问题的地方，如产品的注塑工艺、设计上的问题等。这些方面就需要专家来分析，一般的消费者可能不了解。由设计师来分析的话，必采用"批判的肯定"方式。

C. 了解问题的起源——注意问题产生的背景和问题产生的原因，是人为产生的，还是不可抗力产生的，是组合方面、构造方面产生的，还是加工工艺产生的，等等。这些问题用KJ法来分析就特别有效，可以分析得很详细。

D. 批评要达到一定的高度——不是随便的批评，要从一定高度一针见血地指出问题。批评必须要有一定的客观性，且具有说服力，具有一种学术上的"批判精神"。

E. 问题提出的过程已经帮助设计师提出了一些好的想法和自己的解决方法，具体的点子就会自然而然地产生。设计师在分析时，养成"把问题看作自己的问题"的习惯是必要的，使自己成为一个设计批评家。而设计批评对于设计师来说是十分重要的，只有做到"眼高"，才能"手高"。

② 课题。

A. KJ法分析图的完成（用不同颜色的和不同样式的线标注各问题的联系）。

B. 做完KJ分析图后，将所获得的感想记录下来，并归纳整理问题，针对问题提出解决的创意方法（用A4规格纸张即可）。

五、类比适合法

我们经常对事物信息运用分类、组合、归纳（归类）、类比、比较、因果推理等逻辑推理模式。在这些逻辑推理模式的思维中，如果再与非逻辑思维的发散思维相结合，会产生意想不到的创意概念。所谓类比，就是从其他事物中进行类似的比较、启发、联想，以至灵感的闪现。这里介绍类比适合法中的"NM法"。

（1）NM法示意图，如图2-16所示。

（2）NM法定义。

NM法是"从其他物件中得到启发"并进行逻辑推理的发想法，是20世纪60年代日本创造学家中山正和的发明公司所使用的方法，并以中山正和姓名的英文首字母"NM"来命名。NM法对任何人来说都是一种很容易掌握的阶段化的创造性开发技法，其目标是提高人的直观力。

（3）NM法操作方法。

NM法的8个步骤如下：

步骤一，准备阶段。首先按常理进行思考，在小组成员一起进行讨论时，先按常

图2-16　NM法示意图

理思考解决问题。如按常理思考能解决问题，那么就按常理思考去解决问题；如果按常理思考想不出好的解决办法，那么就需要运用 NM 法。

步骤二，具体课题的定位。在按常理思考问题时，将问题进行分解、整理，自己设定要解决的本质问题。例如，要解决的问题是"如何知道气压热水瓶中水量多少"的装置，那么，这时如果将课题设定为"制作能好卖的热水瓶"，则显然不妥当。

步骤三，KW 阶段，提出关键词（Key Word）。将课题抽象化，提出一些单纯的关键词。写出表示课题本质的"动词""形容词"或"名词"，如气压热水瓶中的"测量""可见""告知"等。

步骤四，QA 阶段，从关键词到问题类推（Question Analogy）。这一步就进入正式的发想阶段了。针对上述各关键词（"测量""可见""告知"），思考有没有类似的东西、相关联的事物，这个阶段要发散思维并大量提出相类似的事物。NM 法将这一步骤称为问题类推。在提出 QA 时，不要拘泥于课题（这是关键）如"可见——烟雾""告知——电话"等。将通过发散思维在大脑中浮现的大量事物记录下来，在不限时间的情况下，类推点越多越好。如果最低不少于 500 个类推点，那么可以获得大量的创意点。

步骤五，QB 阶段，思考 QA 是如何起因的？是什么东西？是如何形成的？这称为问题背景（Question Background），如 QA 为"烟雾"，QB 则为"火灾""黑的""上升气流"等，如此将起因大量地写出来。在这里，直观表达很重要，不要使用专业术语，如果无法用语言表示，也可用草图来表示。

步骤六，QC 阶段，使用"问题背景"以取得解决课题的启示，即问题构想（Question Conception）。问题背景对解决课题能起到什么作用？能给我们什么启示？使用 QB 解决课题来思考方案，称为"问题构想"。在 QC 阶段思考时，要尽量避免这个"不能使用"、那个"无价值"的自我否定的思考方式。不管可行与否，所有的 QB 都得进行下去（有时"不合理"中孕育了合理的元素），如此尽可能多地提出方案。如果无法用文字表达，就用草图、示意图来表示。

步骤七，从 QC 中寻找金点子（闪光的构想），加以整理、分析、讨论。将问题构想中涌现的创意方案排列在桌上或贴在墙上，然后小组成员一起讨论，寻找金点子。如果找到了，以此为出发点，收集补充的构想及可综合使用的设想，并整理发想的过程。如果用 KJ 法来整理、讨论 QC，效果会更好。

步骤八，最后的创意方案确定后，即可进行实践与检证。

注意：绝对不要害怕失败，如果害怕失败，那么尝试新的设想（New Idea）就毫无意义，将永远不会成功。万一失败的话，应分析为什么会失败，分析结果将作为下次新的创想的参考。

（4）NM法具体介绍。

例如，发明家在面对难题苦思冥想的时候，忽然从偶然出现在眼前的东西或梦境中获得灵感，这些灵感成为解决问题的线索，这样的传闻很多。开始时，看上去没有什么关系的事物和现象"直观"的与课题联系，于是就浮现出了意想不到的发想。NM法将这种现象称为"异质结合"。

大多数情况下，再困难的课题在自然界中都存在解决的方法。问题是，如何发现与课题没直接关联，但可以间接联系起来的解决方法。异质结合的障碍源于自己已经形成习惯的概念、常识与逻辑，阻碍了思维的开放。即使是想自由地进行创意发想，却往往仍然停留在自己习惯的常识范围内，这样是绝不会产生独创的想法与创意的。

NM法是先将需要解决的课题加以单纯化、明确化，再把创意想法阶段性地从课题中分离开，让创意发想有意识地从常识中跳出来，也即打破自己传统的思维习惯，打开脑洞，放飞思路，当思维飞跃到一定的程度时，再收回到课题中来。

六、创意收集法

创意收集法就是如何将脑洞打开，并将创意想法进行归纳和整理。这里说的创意收集法是根据某一个主题或围绕课题进行展开，根据目的、痛点、方式、手段、时间、场合、环境等要素进行发散思维。解决问题的方式方法还可从技术、材料、借鉴、组合、分解、仿生、力学、人文等各学科中得到启示。这里介绍美国企业管理顾问卡尔·格雷戈里提出的7×7法。

（1）7×7法示意图，如图2-17所示。

（2）7×7法定义。

7×7法是美国企业管理顾问卡尔·格雷戈里开发的创意构想方法。卡尔·格雷戈里认为，头脑风暴法所开发出来的提案只是初步的、抽象的、缺乏具体性的方案。7×7法则是为消除这些缺点而开发的方法。

7×7 法

7×7法是美国企业管理顾问卡尔·格雷戈里开发的创意构想方法。7×7法主要是将创意方法提出的方案汇总在7项之内,然后通过批判与研讨,确定重要程度,再按次序制定具体解决方案

7×7 网格板

	标题	标题	标题	标题	标题	标题	标题
1	1-1	2-1	3-1	4-1	5-1	6-1	7-1
2	1-2	2-2	3-2	4-2	5-2	6-2	7-2
3	1-3	2-3	3-3	4-3	5-3	6-3	7-3
4	1-4	2-4	3-4	4-4	5-4	6-4	7-4
5	1-5	2-5	3-5	4-5	5-5	6-5	7-5
6	1-6	2-6	3-6	4-6	5-6	6-6	7-6
7	1-7	2-7	3-7	4-7	5-7	6-7	7-7

▶ 每组(竖列)的顺序决定后,在7×7网格板中进行排列。
网格中数字小的为**重要**的内容,如1-1是最重要的内容。

图 2-17 7×7法示意图

(3) 7×7法操作方法。

7×7法先将发散思维所提出的创意想法汇总在7项之内,再通过与会者的批判与研讨归纳和确定创意想法的重要程度,最后按重要性、可行性排列并制定具体解决方案的措施。

① 主持人一名,与会者若干名。

② 提出解决课题,运用发散思维打开脑洞引发多种创意想法,并记在卡片上。

③ 将创意想法按类别分为7组。用1、2、3……或A、B、C……排列,并标注组名。

④ 确定各组创意想法的重要程度,选出7张具有代表性的创意卡片,并依次排列起来,若卡片超过7张将序号7之后的卡片去掉,如在6张以内则全部保留。

⑤ 7张卡片为7组,写上概括性的小标题,称为"名牌"。

⑥ 针对7个名牌提出具体有效的解决措施,就组成7组依次排列的创意卡片。

（4）7×7法具体介绍。

表2-1是7×7法发明人卡尔·格雷戈里所绘的7×7法图表。表中Ⅰ是最重要的列，以此类推，最后一列是Ⅶ。在移动全部卡片时，不可打乱顺序。

表2-1　卡尔·格雷戈里所绘的7×7法图表

Ⅰ	Ⅱ	Ⅲ	Ⅳ	Ⅴ	Ⅵ	Ⅶ
1	1	1	1	1	1	1
2	2	2	2	2	2	2
3	3	3	3	3	3	3
4	4	4	4	4	4	4
5	5	5	5	5	5	5
6	6	6	6	6	6	6
7	7	7	7	7	7	7

在卡片上写上创意发想后，可以采用卡尔·格雷戈里的7×7法加以整理。7×7法很容易操作，准备一块画有7行7列的网格板，然后把一些有创意的卡片排列上去，可以根据设计目的随机应变来排列卡片。如果是新产品、新项目的开发立案，可以对"分野""实现的优势""经济性"等项目加以分类排列；如果是写文章、发论文，可以进行"起始·承接·转移·结论""假设·结论"等分类，并按顺序排列。

具体的操作可分以下几步进行：

① 分组，如图2-18所示。

② 决定卡片的顺序，并制定标题，如图2-19所示。

③ 在7×7的网格板上进行排列，见表2-2。

注意：最后的卡片排列也可以用Excel表格来完成。

关于7×7的网格板，不一定拘泥于7×7，也可以是5×6或7×5。或者，有的一行是7张卡片，有的一行是5张卡片，总之横竖应控制在7张以下。卡尔·格雷戈里在他的"头脑开发"中强调"人的头脑只能同时思考不超过7个事物"。或许有人头脑特别灵活，可以思考超过7个以上的事物，但作为"魔术"的数字"7"来制作的网格，则坚持7×7法的基准。

7×7法不局限于个人使用。参加会议人员都可以拿卡片，开会时在卡片上进行记载，然后排列在7×7的网格板上。完成的网格板可挂在办公室墙上，如果经常审视，还会生出新的创意和想法。

7×7法的顺序

1 分组

将卡片分类，内容相似的归类为一组，将各组竖向排列，每组卡片数不超过7张。

• 删除、结合

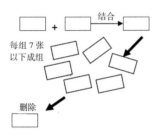

每组卡片数为7张以下，超过7张的按内容的可行性、重要性排列，将序号7之后的卡片去掉，内容相类似的卡片合并为1张卡片。

图2-18　7×7法操作图一

2 按顺序列排，制定标题

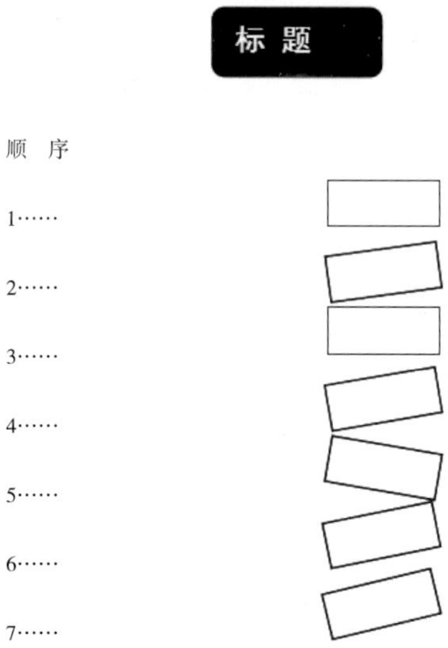

标　题

顺序

1……
2……
3……
4……
5……
6……
7……

每组中按1~7的顺序排列，序号小的为重要的内容，按创意的实现性、有效性来决定每组的标题。

图2-19　7×7法操作图二

3 7×7网格板

每组（竖列）的顺序决定后，在7×7网格板中进行排列。网格中数字小的为重要的内容，如表2-2中1-1为重要的内容。

表2-2 7×7的网格板

	标题	标题	标题	标题	标题	标题	标题
1	1-1	2-1	3-1	4-1	5-1	6-1	7-1
2	1-2	2-2	3-2	4-2	5-2	6-2	7-2
3	1-3	2-3	3-3	4-3	5-3	6-3	7-3
4	1-4	2-4	3-4	4-4	5-4	6-4	7-4
5	1-5	2-5	3-5	4-5	5-5	6-5	7-5
6	1-6	2-6	3-6	4-6	5-6	6-6	7-6
7	1-7	2-7	3-7	4-7	5-7	6-7	7-7

七、形态创意法

造型活动是以"形"作为媒介来进行的行为。形态创意法分为逻辑的形态思考和感性的形态思考，以及两者结合的形态思考。"形"本身作为科学的对象来进行分析，但逻辑的形态思考方式往往会趋于相似或雷同，因此，要考虑形态的个性化，必须在此基础上进行感性的形态思考。本章形态创意法主要介绍"系统造型法（五段法）"与"基本形态扩展法（造型训练法）"两种创意思维方法。

1. 系统造型法（五段法）

系统造型法（五段法）即从系统的造型发散中进行个性化的、有目的形态选择。该方法是根据各种条件形成的造型开始尽可能多地提出方案，进行整理及形成体系化，并从中选择更符合设计主题审美的、造型意图的方案作为最后的形态。该方法是整体上逻辑思维与具体感性思维相结合的造型方法。

系统造型法（五段法）的操作方法是从简单、单纯的形态开始，逐步、逐级地向复杂的形态发展，尽可能多地网罗形态创意并系统的进行。该方法是在训练科学的思维造型能力的同时，能够产生美的形态。使用该方法时，关键是如何在展开的形态中增加个性化，需要运用设计师个体感性的思维做调整，如图2-20所示。形态展开一般在5段以上，如果认为其中某阶段的某个形态较好，则可选择其作为设计的基本形态加以运用；如果有两个以上心仪的形态，也可再在此基础上选择、调整、优化并完善。其具体操作见本书"第三章方法运用篇"的练习案例。

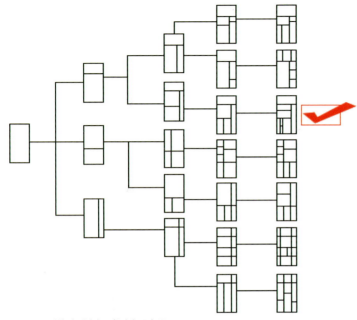

图 2-20 系统造型法（五段法）示意图

2. 基本形态扩展法（造型训练法）

基本形态扩展法（造型训练法）是另一种形态创意法，是扩大基本形态的造型创意法。

基本形态扩展法（造型训练法）以立方体、圆锥体、圆柱体、球体等几何形体为基本形态展开变形，可以根据不同的材料、加工方法、表现方法、结构等要素的差异，作不同程度的形态变化，并以一定数量为目标（如100个不同形态的三角形态，包括三棱锥、圆锥体，100个不同形态的方形、立方体，100个圆形、扇形、圆弧形或100个两种形态的组合等），大量地进行练习，如图2-21所示。

有具体主题的设计项目，同样以材料、加工方法、表现方法、结构变化等设计要素进行创意思维，尽可能大量地提出形态创意，从中发掘创新形态。

图 2-21 圆弧形基本形态扩展法（造型训练法）训练示意图

● 本章习题

练习 1：运用 Mapping 法进行练习，练习主题自定或根据指定课题进行。

要点提示：放松心态，发散思维，防止刻意，自然随意地顺应思路进行练习。

用纸推荐 A1 或 A0 规格纸张。该练习可以 1 个人做，也可以分小组集体做，小组人数最好控制在 6 个人以下。最后需要在发散图上将启发创意点醒目地标记出来，并另外用纸把启发创意点加以展开，用文字描述或画视觉化草图均可。（可参考第三章方法运用篇中相应的方法案例）

练习 2：进行思维导图法练习，练习主题自定或根据指定课题进行。

要点提示：用纸推荐 A1 或 A0 规格纸张，从纸中间向四面发散，并运用彩色笔，除了用关键词以外，能用图表现的就用图表现。放松心态，发散思维，自然随意地顺应思路进行发散。该练习可以 1 个人做也可分小组集体做，小组人数最好控制在 6 个人以下。最后需要在思维导图上将启发创意点醒目地标注出来，并另外用纸把启发创意点加以展开，用文字描述或画视觉化草图均可。（可参考第三章方法运用篇中相应的方法案例）

练习 3：根据指定课题做信息资料法练习。

要点提示：该练习以个人进行为主，用纸推荐 A4 规格纸张，根据信息资料得到的启发创意点，用文字描述和示意草图进行表现，每人提交不少于 10 个创意点。（可参考第三章方法运用篇中相应的方法案例）

练习 4：进行 635 法练习，根据指定课题或自定主题练习。

要点提示：该练习是以 6 个人为一组进行的，用纸推荐 A4 规格纸张，每人一张纸，并将每张纸分为 3 列 ×6 行的表格，按方法规则顺序进行发散思维，在格子中写下创意点，也可画草图示意。（可参考第三章方法运用篇中相应的方法案例）

练习 5：进行目的发想法练习，练习主题自定或根据指定课题确定。

要点提示：该练习可以个人做也可分小组集体做，小组人数不宜过多。用 A3 规格纸张为宜。（可参考第三章方法运用篇中相应的方法案例）

练习 6：进行象限分析法练习，练习主题自定或根据指定课题确定。

要点提示：该练习可以个人做也可分小组集体做，用纸可根据情况选用 A1 或 A2 规格纸张，可以是一张也可以是一套，并根据象限图另外用纸进行分析。（可参考第三章方法运用篇中相应的方法案例）

练习 7：进行 KJ 法练习，练习主题自定或根据指定课题确定。

要点提示：该练习可以个人做也可分小组集体做，用纸可根据情况选用 A1 或 A2 规格纸张，根据 KJ 法另外用纸进行分析整理，并提出改进创意点。（可参考第三章方法运用篇中相应的方法案例）

练习8：进行 NM 法练习，练习主题自定或根据指定课题确定。

要点提示：该练习可以个人做也可分小组集体做，用纸可根据情况选用 A3 或 A2 规格纸张。（可参考第三章方法运用篇中相应的方法案例）

练习9：进行 7×7 法练习，练习主题自定或根据指定课题确定。

要点提示：该练习小组集体做，人数控制在 6 个人以下为宜，用纸可根据情况选用 A3 或 A2 规格纸张。（可参考第三章方法运用篇中相应的方法案例）

练习10：进行基本形态扩展法（五段法）练习，练习基本形态自定。

要点提示：该练习以个人进行为主，用纸大小推荐 A4 或 A3 规格纸张，根据最后形态创意点展开形态设计。（可参考第三章方法运用篇中相应的方法案例）

练习11：进行基本形态扩展法（造型训练法）练习，练习基本形态自定。

要点提示：该练习以个人进行为主，用纸推荐 A4 或 A3 规格纸张，根据最后形态创意点展开形态设计。（可参考第三章方法运用篇中相应的方法案例）

"十三五"普通高等教育规划教材
国家级一流本科专业建设点配套教材·工业设计系列
21世纪高等院校艺术设计系列实用规划教材

创意思维方法

第三章

方法运用篇

● 本章要求与目标

要求:通过本章介绍的11种创意思维方法运用案例,进一步理解11种创意思维方法的运用。

目标:通过学习本章介绍的创意思维方法的具体运用案例,并结合第二章的训练内容,进一步消化和掌握这些创意思维方法。

● 本章教学框架

第三章
方法运用篇

一、Mapping 法案例

1. 课题名称：低碳生活

小组成员：顾琳桦、马越、王姗、刘晓旭、王旻悦、朱琦、张天文

利用 Mapping 法直观地进行创意发散，先将抽象的"低碳生活"主题发散出植物、动物、能源、污染、人、空气 6 个关键词，进而联想发散出具体的设计方向。在练习的过程中，可以利用 PPT 来演示。

提示：图中用橙色标注的内容为有发展可能的项目。

（1）由"低碳生活"衍生出了植物、动物、能源、污染、人、空气 6 个关键词，如图 3-1 所示。

（2）从"植物"发散出了人类需求、乱砍滥伐、益处、农业、森林5个关键词，每个关键词又进行了更多的思维发散，如图3-2所示。

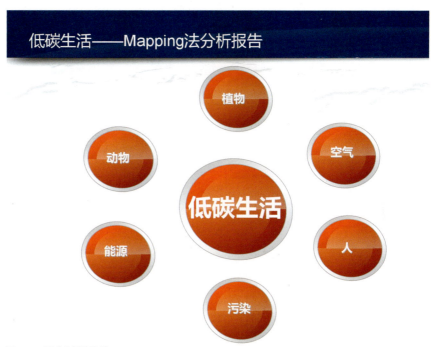

图3-1 低碳生活的发散

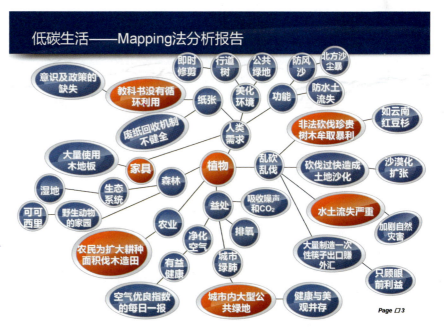

图3-2 从植物的发散

（3）从"动物"发散出了生态、人类需求、家养宠物、滥捕滥杀、动物权利 5 个关键词，每个关键词又进行了更多的思维发散，如图 3-3 所示。

（4）从"空气"发散出了室内空气、酸性气体、臭氧层、温室效应、氧气 5 个关键词，每个关键词又进行了更多的思维发散，如图 3-4 所示。

图 3-3　从动物的发散

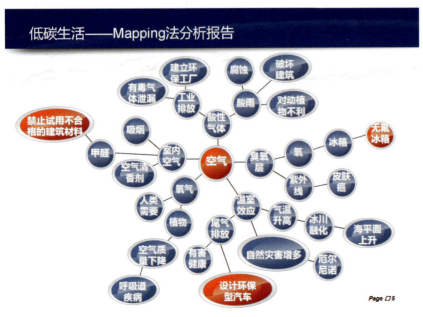

图 3-4　从空气的发散

(5)从"污染"发散出了河、周围环境、声音、辐射4个关键词,每个关键词又进行了更多的思维发散,如图3-5所示。

(6)从"能源"发散出了生物、火、光/太阳、风、电、水、化学7个关键词,每个关键词又进行了更多的思维发散,如图3-6所示。

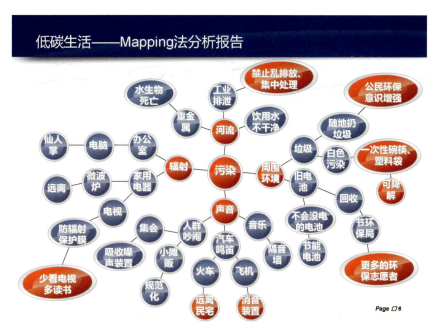

图3-5 从污染的发散

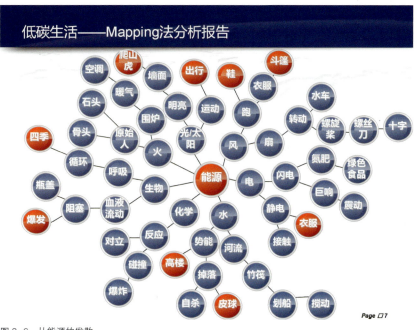

图3-6 从能源的发散

（7）从"人"发散出了小孩、年轻人、老人、富人、残疾人、女人、男人7个关键词，每个关键词又进行了更多的思维发散，如图3-7所示。

提示：在使用Mapping法时，可以从以下分类中进行发散。

（1）物体/载体，如伞、风筝、创可贴等。

（2）形态，如圆形、长方形、菱形等。

（3）材料，如皮毛、塑料、钢材、纸质、布料等。

（4）结构，如不同结构的形式等。

（5）功能，如各种功能形式等。

（6）方式（使用方式、操作方式），如推、拉等。

（7）系统/概念。

（8）组合方式。

（9）原理借鉴，如压力发电、温差等。

（10）文化/人文要素、知识信息。

（11）现象，如水肿、体积变大（如通过充气增大体积）等。

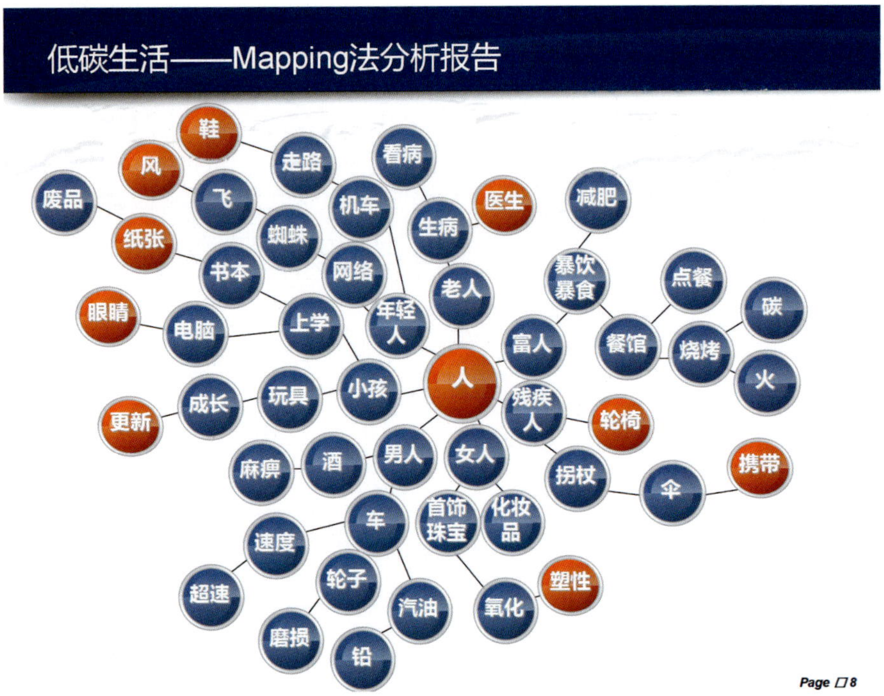

图3-7 从人的发散

2. 课题名称：压力

小组成员：胡雅婷、吴介舒、李伟、刘伊梦、尤煜辉、张智航

该 Mapping 法练习围绕"压力"关键词，从"情绪""行为""物理""环境"4 个方面进行发散思维训练（用 A1 纸进行练习），并从发散中找到能启发创意的关键词，如"龙舟""排队""颈椎病""楼兰""肠胃炎"等，由此而深入思考发展，找出解决问题的对策，方案的雏形如图 3-8 所示。

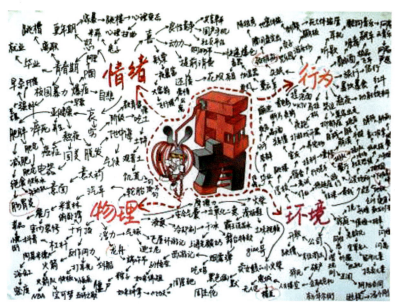

图 3-8 "压力"的 Mapping 法发散

思考与练习

（1）什么是 Mapping 法？

（2）以 4～6 人为一组，运用 Mapping 法进行创意训练。

二、思维导图法案例

1. 课题名称：中国美术学院

　　小组成员：张洋铭、吴尹豪、叶徐笑茜、周一珂、陈衍成

　　该思维导图以"中国美术学院"为关键词，将其分为建筑、设计师、时尚、地区等板块进行思维训练（用 A1 规格纸张进行练习），并分别展开对具体产品的设计与创新，以此来开发我们的设计创意思维，打开产品设计的大门，如图 3-9～图 3-20 所示。

图 3-9 "中国美术学院"的思维导图

图 3-10 从"建筑"板块展开的发散思维部分

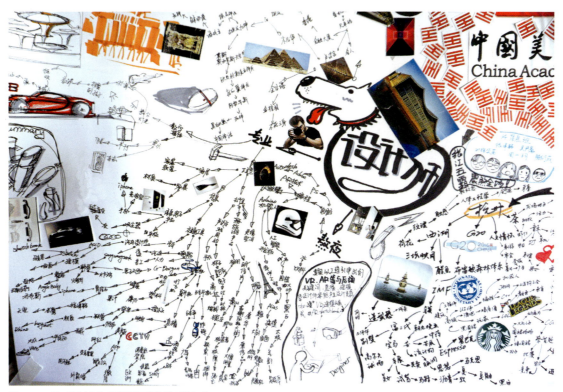
图 3-11 从"设计师"板块展开的发散思维部分

第三章 方法运用篇 059

图 3-12 从"时尚"板块展开的发散思维部分

图 3-13 从"地区"板块展开的发散思维部分

图 3-14 从"时尚"板块发散思维中获取的灵感:"虚拟味觉刺激器"

图 3-15 从"建筑"板块发散思维中由"工匠精神"获取的灵感:"重视工匠精神的艺术建筑,可拆卸式的绿色设计;传统工艺与未来建筑相结合,创造更和谐的生态。"

第三章 方法运用篇 061

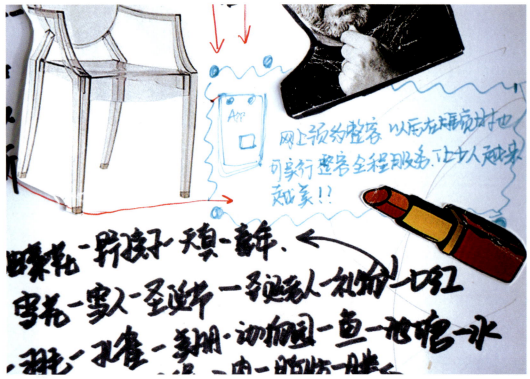

图3-16 从"时尚"板块发散思维中由"手机""整容"等关键词获取的灵感:"网上预约整容,以后在睡觉时也可实行整容全程服务,让女人越来越美。"

图3-17 从"地区"板块展开发散思维中由"风力""动力学"等关键词获取的许多与环保事物相关的灵感:"可以利用太阳能、风能或人类步行动力分解垃圾场垃圾的大型垃圾桶,能量通过远程传输完成"

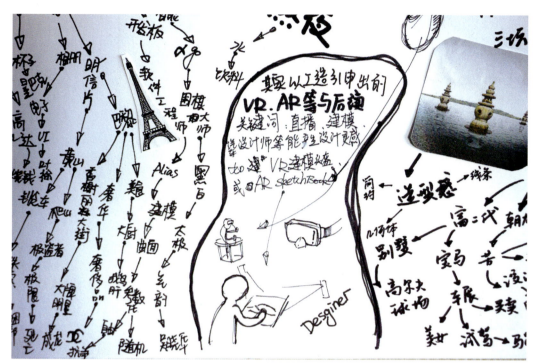

图 3-18 从"设计师"板块展开的发散思维中由"专业""工造"等关键词引申获取的"VR""AR"等及其后续关键词:"直播""建模""汽车设计师"等产生设计灵感,如"VR 建模头盔或 AR SketchBook"

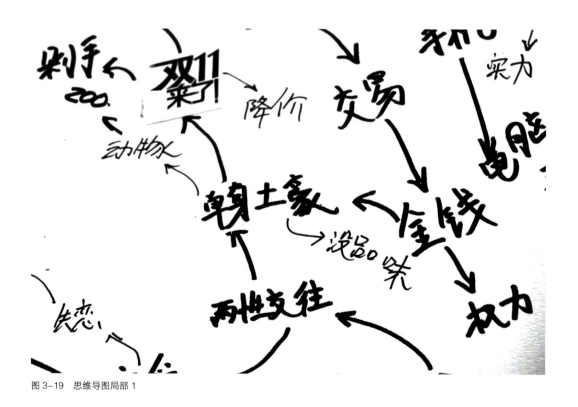

图 3-19 思维导图局部 1

图 3-20　思维导图局部 2

提示：

（1）从一张白纸的中心开始绘制，周围留出空白。从中心开始，可以使你的思维向各个方向自由发散，能更自由、更自然地表达自己的创意思维。

（2）用一幅图像或图画表达你的中心思想。一幅图画抵得上 1000 个词汇，它能帮助你运用想象力。图画越有趣，越能使你精神贯注，也越能使大脑兴奋。

（3）在绘制过程中要使用不同颜色。颜色和图像一样，能使你的大脑处在兴奋之中。颜色能够给你的思维导图增添跳跃感和生命力，为你的创造性思维增添巨大的能量。而且，颜色也很有趣。

（4）先将中心图像和主要分支连接起来，然后把主要分支和二级分支连接起来，再把二级分支和三级分支连接起来，以此类推。你的大脑是通过联想来思考的。如果你把分支连接起来，会更容易理解和记住许多东西。

（5）让思维导图的分支自然弯曲而不是像一条直线。因为你的大脑会对直线感到厌烦，而曲线和分支就像大树的枝杈一样，更能吸引你的眼球，如图 3-21 所示。

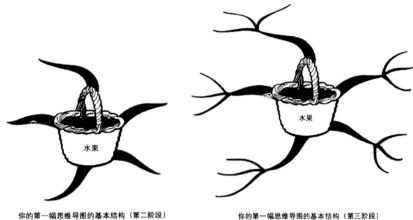

图 3-21 思维导图结构示意图

（6）在每条线上使用一个关键词。单个的词汇使思维导图更具有力量和灵活性。当你使用单个关键词时，每一个词都更加自由，也更有助于新想法的产生。然而，短语和句子却容易扼杀这种创意火花。

（7）自始至终使用图形。每一个图形，就像中心图形一样，相当于 1000 个词汇。所以，假如你的思维导图有 10 个图形，就相当于记了 10000 字的笔记。

2. 课题名称：动物

小组成员：刘云、林芸珊、李沁香、季从元、石伟健

该思维导图以"动物"为关键词，将其分为爬行类、鸟类、哺乳类等板块，并围绕这些板块展开丰富的想象（用 A1 纸进行练习），再分别展开对具体产品的设计与创新，如图 3-22 所示。

图 3-22 "动物"的思维导图

思考与练习

（1）什么是思维导图？

（2）以 4～6 人为一组，运用思维导图进行创意训练。

三、635 法案例

课题名称：台州旅游产品开发

小组成员：王靓羽、沈丹宁、刘芮希、张琪琪、周欢、王荟汀

该课题开发小组由 6 个人组成，是运用 635 法针对台州旅游产品开发所进行的发散思维活动。课题采用 6 张 A4 纸进行练习，练习前需将每张纸分成 18 个（3 列 ×6 行）区域，区域分好后将纸分发给组员。开始发散时，每位组员在纸的第 1 行的 3 个格子中分别写上 3 个创意点（也可画上创意示意图）；写完创意点后，将纸按照顺时针（或逆时针）顺序传递给边上的组员，收到纸的组员，将受前面组员的创意点启发所产生的新的创意点写在纸的第 2 行的 3 个格子中。以此类推，将发散用纸传递 5 次，直到 6 张纸都写满了创意点，即完成了 3（列）×6（行）×6（张）=108 个创意点为止，如图 3-23～图 3-28 所示。

思考与练习

（1）什么是 635 法？

（2）以 6 人为一组，运用 635 法进行创意训练。

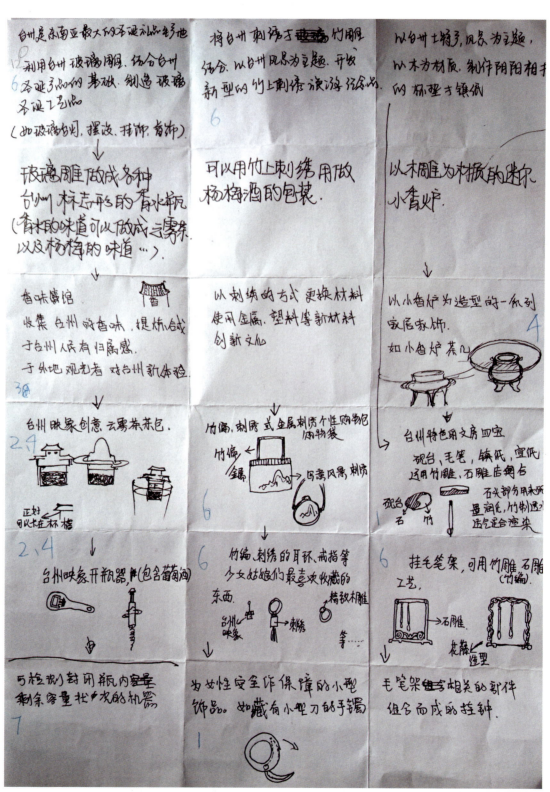

图 3-23 台州旅游产品开发 635 法之一

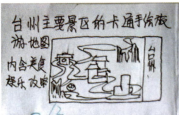

图 3-24　台州旅游产品开发 635 法之二

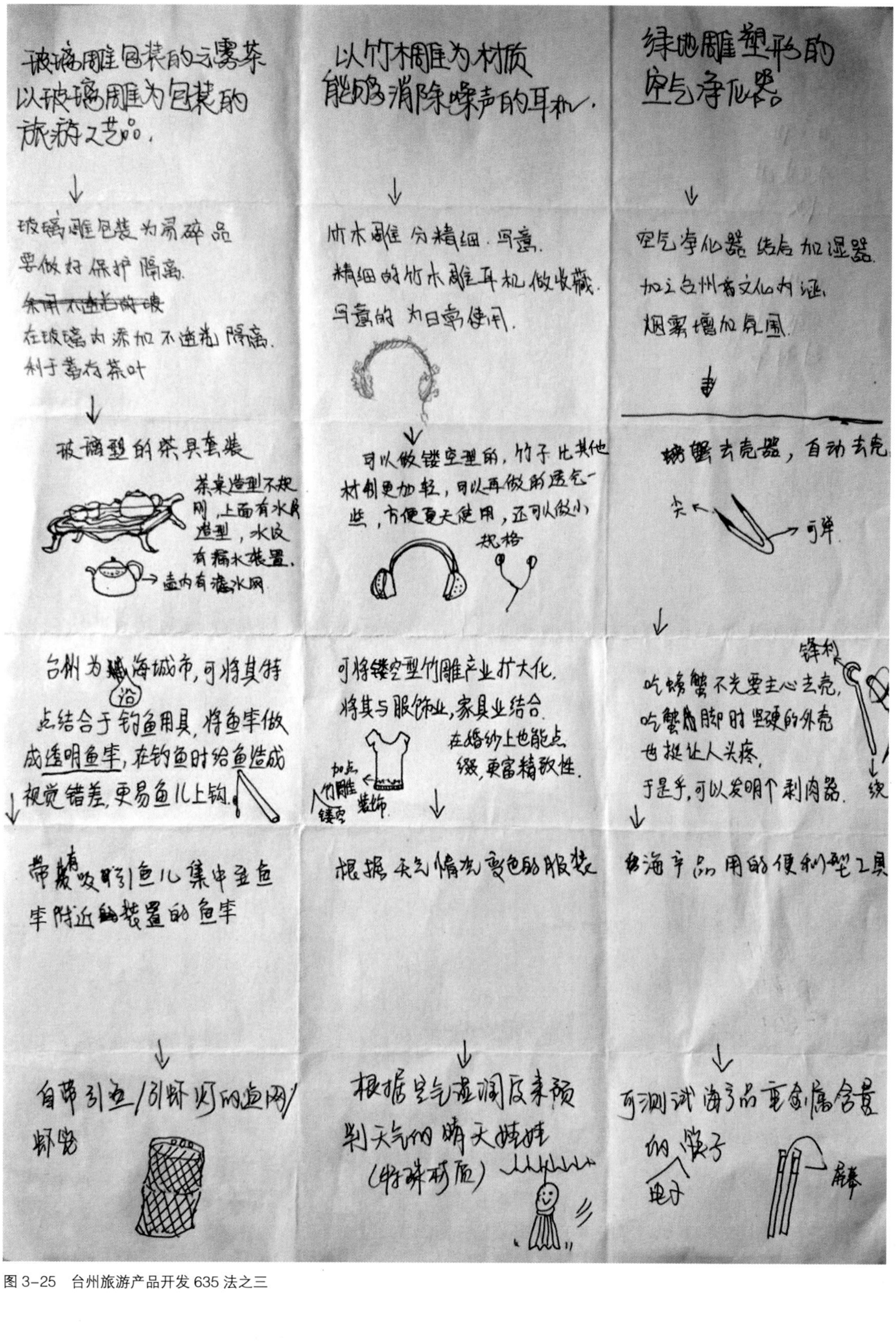

图 3-25　台州旅游产品开发 635 法之三

台州取自取纯净水装置	家用家具中装有向供应商报修的装置	学校每层楼门设有垃圾处，自动导向同一垃圾点
用净水器过滤出的台州本地水来酿造杨梅酒	小型竹制家具、迷你模型	回收云雾茶渣，杨梅酒渣，脱水压缩，制成环保可循环利用的纸
用纯净水与当地的农产品和水产品研发出特色调味料	根据温度变化的竹颜色刷涂家具	用杨梅酒发酵，做个垃圾溶解剂，在绿化带喷水装置中加入渗入各个地方
↓	↓	↓
定期开展试吃大会，民间可以将自家特色调味料也带去参加，分享美食，从取而不断开发新品。民间自创产品，也应有产权保护	家具电器中装有自动提醒装置（损坏提醒，安装提醒）政府抽薪	液体回收利用，开发新用途
↓	竹制的盒装化妆品，其萃取物来源于云雾茶精华，杨梅精华。化妆盒可用竹雕或变色竹技术	→ 特色云雾茶渣，杨梅酒造纸再生纸。用于包装纸，绘画用纸的特色纸。也可以衍生出做纸袋，纸灯笼……
台州特色美食的方便盒冲型，可冲泡的台州美食	↓	↓
↓	大热天摘茶叶辛苦，可以由这方面出发，设计一款自动摘茶叶机	用这种具有特色台州风味的纸张来印刷儿本宣传台州的小册子或画集
自动冲泡机（插电型）可做成台州映象型  →按钮分别为白水、咖啡、奶茶、橙汁等…		

图 3-26　台州旅游产品开发 635 法之四

图3-27　台州旅游产品开发635法之五

台州旅游时 喜爱台州当地特产，环保简洁 利于储存的包装，可在当地预预定 特产种类，取货时间或送货地址，官方管理，方便游客购置当地特产。	小型、微型石雕设计。微雕工艺创新于石雕，便携的旅游纪念品。	工艺品与地方土特产结合，以工艺品做简易包装，在吃完土特产后可将外包装留下，做为装饰纪念品。一物两用。
↓	↓	↓
在旅游景点安置自动贩售地方特产的自动贩售机。自动贩售机风格可与景区风格相搭。	具有台州特色，台州文化标志的微型石雕/竹雕挂吊坠 或石雕/竹雕工艺的景点的U盘	用竹雕来装杨梅酒，作为土特产——竹筒酒
设计自动贩售机自由移动的装置 一款可使 可参考小孩的遥控车	可将工艺品上市，开网店销售台州工艺设计品。同时也可发展代购事业。	（杨酒）可与周边城市合作，发展各自特色，可将其与嵊州竹编结合，杨梅酒业促进城市发展，友好合作。→竹编
遥控式的擦黑板神器	投币式机器，观看现代手工艺品的制作过程，如竹雕	杨梅酒香味的香水。
车载自动雨刷器， 进应急器，带有独立电池	3D眼镜，配备于台州各种展馆，带上后配合展品，可欣赏各种虚拟影像	以杨梅为配色的城市环保袋
自动感应喂食器，在宠物食盆、水盆上，时间到或感应到食量太轻会自动补充水、食物。可以让主人安心地不用担记家中宠物情况	虚拟投影机，可在机器上投影出城市特色建筑及风景与传说故事。	虚拟馆互动装置，戴上虚拟感应装置可参与种杨梅树→成长→成熟采摘杨梅树的整过程。

图 3-28　台州旅游产品开发 635 法之六

四、信息资料法案例

信息资料法练习主要是从图片、事物、视觉信息中获得启发、灵感和创意。本练习中的几个案例演示了从参考信息到创意、草图的具体操作步骤：①参考信息；②联想（启示）；③创意；④草图（示意图）。

1. 课题名称：产品设计

小组成员：魏鑫杰

本课题是从生活中的事物产生联想，从而发散思维得到产品设计的创意过程，具体内容如表3-1～表3-3所示。

表3-1　信息资料法练习之一

参考信息	联想	创意	草图
	联想：安全气囊具有瞬间保护的作用	创意：应用于头盔设计中，既能减轻头盔的重量，也能保证安全	
	联想：电吹风能够折叠	创意：应用于耳机设计中，当不听歌的时候，将耳机折叠后可以挂在衣服上	
	联想：磁铁异性相吸	创意：应用于头戴式耳机设计中，耳机可以拆开，然后重新组合在一起，可以组成一个音响	
	联想：电动牙刷能够旋转着清理牙渍	创意：将电动牙刷原理应用于可旋转的扫把上	

表3-2 信息资料法练习之二

参考信息	联想	创意	草图
	联想：可以掀开盖子	创意：创意应用于电压力锅，可以掀开盖子观察电压力锅内部	
	联想：夜视镜能够在黑暗环境中看清周围环境	创意：应用于眼镜镜片膜	
	联想：剪刀能够修剪出花边	创意：将其与菜刀结合，需要修剪食材的时候可以变换成剪刀的形状	
	联想：手榴弹的把手和弹体的关系	创意：应用于指甲剪，瓶身用于存储剪下来的指甲	

表3-3 信息资料法练习之三

参考信息	联想	创意	草图
	联想：马桶拥有储存空间，还能冲水	创意：应用于花盆，按键浇花	
	联想：枪械的瞄准镜固定条，可以前后移动	创意：将其应用于手表	

2. 课题名称：创意生活用品及小型家用电器

小组成员：陈浩澜

本课题是从大自然和生活中的事物产生联想，从而发散思维得到生活用品及小型家用电器的创意过程，具体内容如表3-4～表3-9所示。

表3-4 信息资料法练习之四

	联想	创意	草图
1	变色龙可根据环境变换颜色	一款根据水温变换颜色的烧水壶，同时具有保温功能。从外观上看，温度变化更加直观，有利于人们清楚地了解水温情况。在水壶不烧水的状态下，为正常的白色；当水刚烧开时，水壶表面为紫色；当水温达到70℃时，水壶表面为红色；当水温降到55℃时，水壶表面为蓝色，此时水壶进行保温工作	

表3-5　信息资料法练习之五

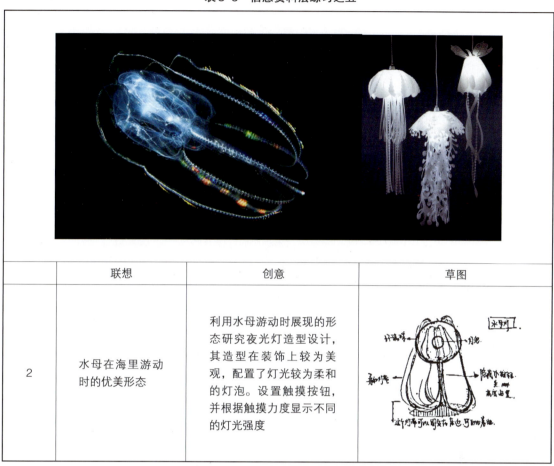

	联想	创意	草图
2	水母在海里游动时的优美形态	利用水母游动时展现的形态研究夜光灯造型设计，其造型在装饰上较为美观，配置了灯光较为柔和的灯泡。设置触摸按钮，并根据触摸力度显示不同的灯光强度	

表3-6 信息资料法练习之六

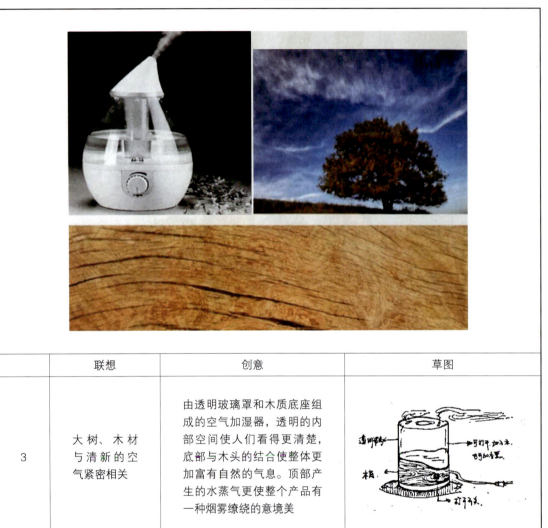

	联想	创意	草图
3	大树、木材与清新的空气紧密相关	由透明玻璃罩和木质底座组成的空气加湿器，透明的内部空间使人们看得更清楚，底部与木头的结合使整体更加富有自然的气息。顶部产生的水蒸气更使整个产品有一种烟雾缭绕的意境美	

表3-7 信息资料法练习之七

	联想	创意	草图
4	随着季节的变化树叶由绿变黄	部分家庭购买水果时，常常会选择一些还未成熟的水果，需要将水果放置几天后再食用。因此，可以使用由嫩绿到鲜绿，再到黄绿的树叶变化过程原理来制作水果盒。水果盒表面还是嫩绿时，表示内部食物还未成熟；水果盒表面为鲜绿时，表示为最佳食用时间；水果盒表面为黄绿色时，则表示食物将过度成熟，需尽快食用	

表3-8 信息资料法练习之八

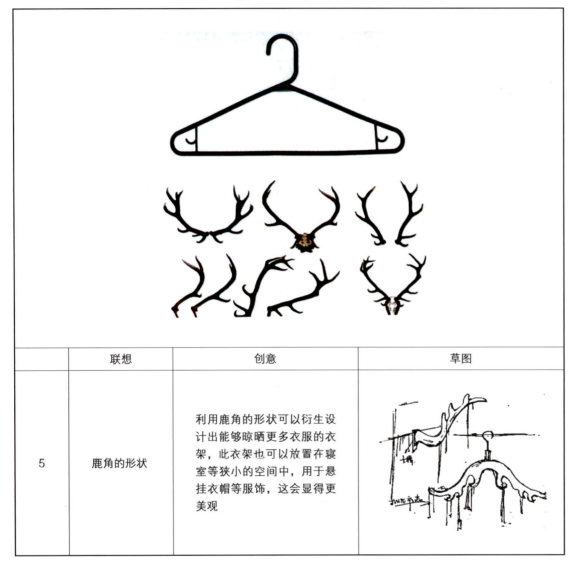

	联想	创意	草图
5	鹿角的形状	利用鹿角的形状可以衍生设计出能够晾晒更多衣服的衣架，此衣架也可以放置在寝室等狭小的空间中，用于悬挂衣帽等服饰，这会显得更美观	

表3-9 信息资料法练习之九

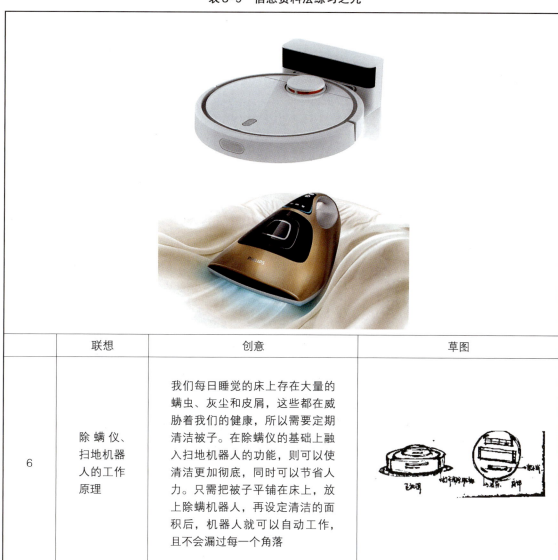

	联想	创意	草图
6	除螨仪、扫地机器人的工作原理	我们每日睡觉的床上存在大量的螨虫、灰尘和皮屑，这些都在威胁着我们的健康，所以需要定期清洁被子。在除螨仪的基础上融入扫地机器人的功能，则可以使清洁更加彻底，同时可以节省人力。只需把被子平铺在床上，放上除螨机器人，再设定清洁的面积后，机器人就可以自动工作，且不会漏过每一个角落	

3. 课题名称：创意生活用品

小组成员：陈佳宁

本课题是从大自然和生活中的事物产生联想，进而发散思维产生创新的生活用品的创意过程，具体内容如表 3-10 和表 3-11 所示。

表 3-10　信息资料法练习之十

联想	创意	草图
	产品尺寸有手掌大小。产品颜色能够快速吸引消费者的眼球。当产品翅膀分开内侧变为剪刀时，操作起来较轻便、快速、省力。产品外表圆滑，且有防护壳，在抓握时不会伤到手	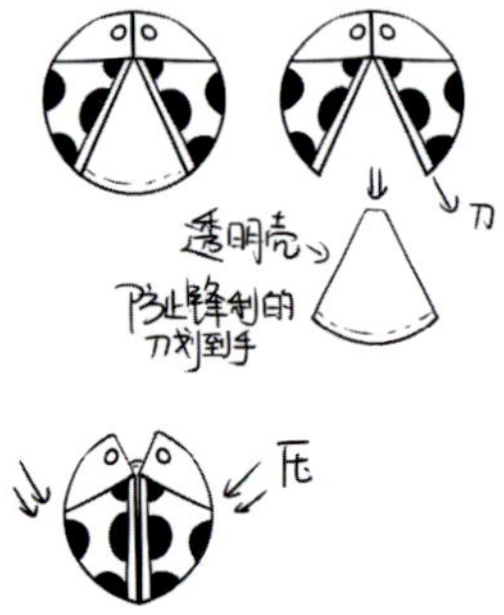
	此产品为螺旋状的酒杯，能储存较多的酒水，其造型高雅、大气，能够快速地吸引消费者的注意。当轻轻敲击酒杯时，能够隐约听到海浪的声音	
	此产品为小夜灯，可以安装在酒吧或休息室中。在夜晚灯光较暗的房间中，夜灯的灯光透过薄膜，有种随风飘动的感觉，就像海洋中的水母一样	

表3-11 信息资料法练习之十一

联想	创意	草图
	此产品为U盘和小手电的组合，产品携带方便，具有一定的隐蔽性，可作为装饰挂件挂在脖子上。当产品一分为二时，手电会自动打开；同时，可以通过U盘为手电充电	
	此产品有很高的机械强度和较好的弹性，能够防止产品在搬运中因碰撞、摔跌而损坏	
	此产品为放置在餐桌上的烛台，可以根据蜡烛燃烧的位置来调整灯罩。当蜡烛过低时，只需将灯罩下压即可	
	此产品采用齿轮的造型，主要材料为海绵，使产品更具柔软度，这样就可以把书籍插入缝隙中，从而起到书架的作用	

4. 课题名称：创意生活用品与交通工具

小组成员：王翰霖

本课题是从大自然和生活中的动植物产生联想，由此发散思维生成交通工具、家具、耳机、背包等产品的创意过程，具体内容如表3-12～表3-15所示。

表3-12 信息资料法练习之十二

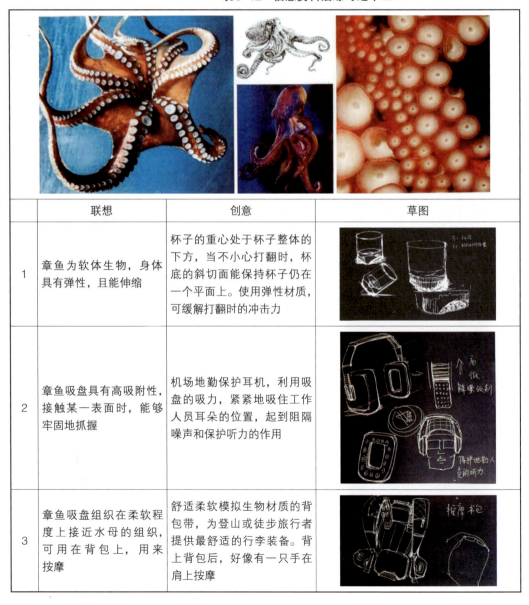

	联想	创意	草图
1	章鱼为软体生物，身体具有弹性，且能伸缩	杯子的重心处于杯子整体的下方，当不小心打翻时，杯底的斜切面能保持杯子仍在一个平面上。使用弹性材质，可缓解打翻时的冲击力	
2	章鱼吸盘具有高吸附性，接触某一表面时，能够牢固地抓握	机场地勤保护耳机，利用吸盘的吸力，紧紧地吸住工作人员耳朵的位置，起到阻隔噪声和保护听力的作用	
3	章鱼吸盘组织在柔软程度上接近水母的组织，可用在背包上，用来按摩	舒适柔软模拟生物材质的背包带，为登山或徒步旅行者提供最舒适的行李装备。背上背包后，好像有一只手在肩上按摩	

表3-13 信息资料法练习之十三

	联想	创意	草图
4	章鱼为软体生物，在水中身体灵活，通过性高，几乎可以在任何地形通行	具有强大的通过性的水陆交通工具。模拟章鱼皮结构，可在水中通行，也可在建筑外墙行走，为特殊职业工作者（如摄影师、城市规划师等）提供通行服务	
5	从物理结构方面看，章鱼的触角就像巨大收纳盒的出口，由此联想到收纳结构	电线收纳盒：内置电源插口，结构清晰，整理方便。设备的充电线从圆形口中伸出，电线下面用盘线器整理，内部电线也不会杂乱无章	
6	章鱼吸盘吸附性高，接触某一表面时能牢固地抓握	攀岩者手套：为攀岩爱好者提供安全保障，强大的吸力能吸住岩石表面，可为从事高空作业人员提供安全保障	
7	模仿章鱼的造型	章鱼造型灯具：在造型上借鉴章鱼的形态，通过感应周围环境的亮度自动调节灯泡亮度，可通过收张LED灯口控制亮度	

表3-14 信息资料法练习之十四

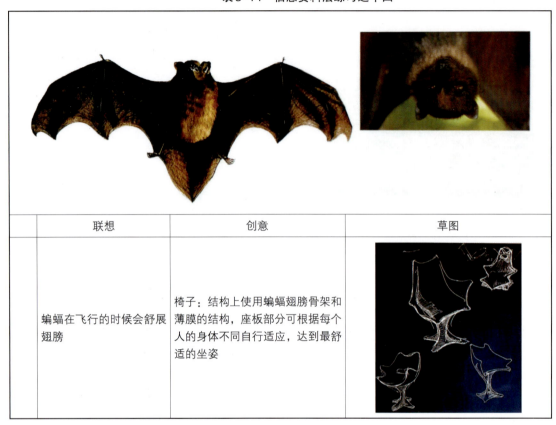

联想	创意	草图
蝙蝠在飞行的时候会舒展翅膀	椅子：结构上使用蝙蝠翅膀骨架和薄膜的结构，座板部分可根据每个人的身体不同自行适应，达到最舒适的坐姿	

表3-15 信息资料法练习之十五

联想	创意	草图
大蒜一瓣一瓣的结构	休闲椅：借鉴大蒜的结构来制作一种可以拼接的休闲椅，椅子有大有小，可以满足不同年龄的家庭成员使用需求。当使用的时候，把"每一瓣"拉出来，使用完后重新组合变成蒜的完整形态。根据人体工程学来设计休闲椅的造型，使人的坐姿达到最为舒适的状态	

思考与练习

（1）什么是信息资料法？

（2）运用信息资料法进行训练，每人绘出10幅创意草图。

五、目的发想法案例

1. 课题名称：提高公众的环保意识

小组成员：段昺东、罗旌存、洪国梁、汤斌

该练习的小组成员以"提高公众的环保意识"为课题进行发散思维，分别从"绿色设计"和"社会宣传"两方面展开，并重点从绿色设计进行拓展，又从"减少能源消耗""减少环境污染""产品和零部件可再生循环或重新利用"3个方面展开发散思维，最终得出36个创意措施（方法）以实现提高公众的环保意识的目的，如图3-29所示。

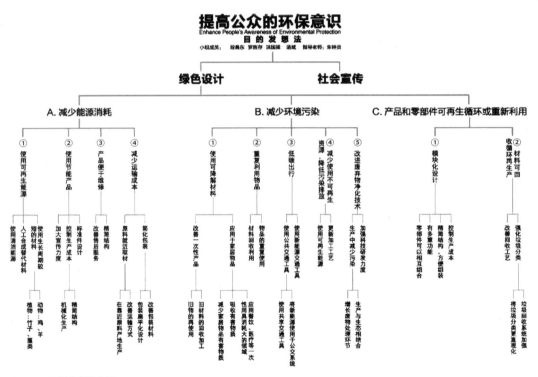

图3-29 目的发想法案例一

2. 课题名称：开空调房间的舒适体验

小组成员：沈楚佳、王梅君、李谊、李丽君、黄雁汀、张惟贤

该练习小组成员以"开空调房间的舒适体验"为课题，通过六层金字塔展开发散，分别从温度合适、湿度合适、风向合适、清新空气、智能调控、自动修复、保持清洁方面进行深入发散，最终得出28个能够实现空调房间舒适体验的创意措施（方法），如图3-30所示。

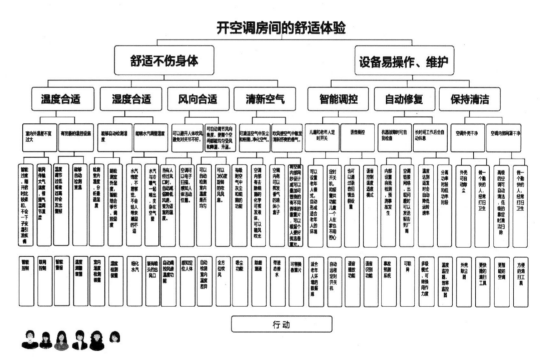

图3-30 目的发想法案例二

3. 课题名称：提高学生的身体素质

小组成员：郑方、魏鑫杰、陆世聪、许伟程、陈枫野、黄欢

该练习小组成员以"提高学生的身体素质"为课题通过五层金字塔发散思维，层层递进，最终发散出 54 个创意点子，并对重要的有价值的点子进行标记（此处标记小红花），如图 3-31 所示。

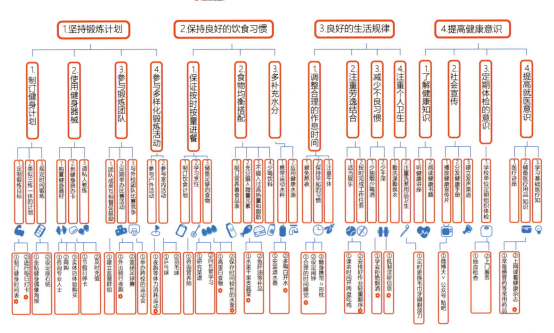

图 3-31　目的发想法案例三

4. 课题名称：今晚吃什么？

小组成员：刘彦伯、李菲、吴凡、朱婧铭

该练习为小组成员以日常生活中经常会说的"今晚吃什么？"为题进行发散思维，首先从"出去吃""点外卖""在家做"展开发散，再分别从"选择餐厅""选择同伴""选择时间""点餐方式""商家选择""食材准备""烹饪用具""烹饪时间"出发进行发散思维，最终获得33个创意点子，如图3-32所示。

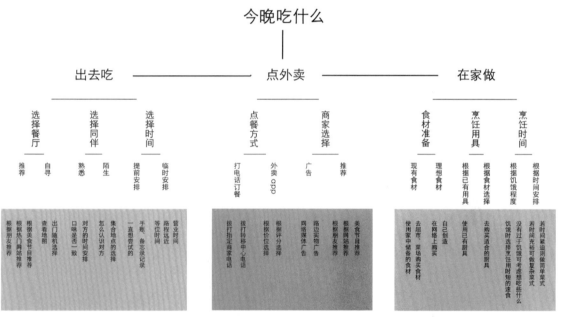

图3-32 目的发想法案例四

5. 课题名称：培养新时代女性人才

小组成员：陈喆

该练习是学生以"培养新时代女性人才"为题进行发散思维，从"德、智、体"出发，从如何提高德、智、体发展展开发散思维，获得18个创意点子，如图3-33所示。

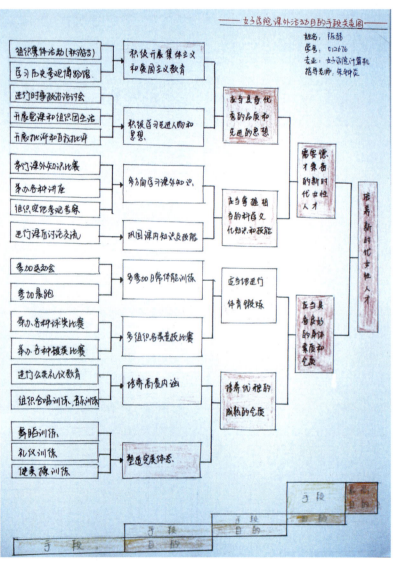

图3-33 目的发想法案例五

6. 课题名称：提供一个舒适的就餐环境

小组成员：龚叶

该练习是学生以"提供一个舒适的就餐环境"为题进行发散思维，从"使顾客身心愉快""提供舒适的硬件设施"切入发散思维，获得了15个创意点子，如图3-34所示。

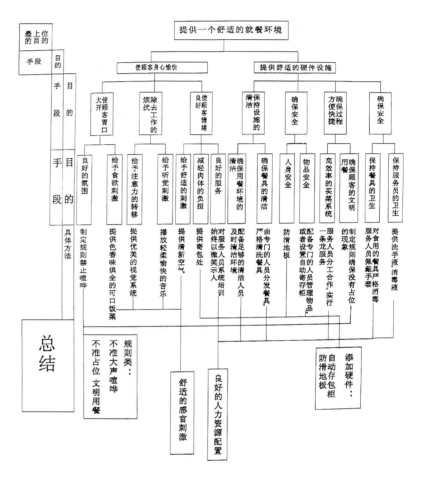

图3-34 目的发想法案例六

思考与练习

（1）什么是目的发想法？

（2）运用目的发想法进行创意训练。

六、象限分析法案例

1. 课题名称：灯具款式分析

小组成员：王若

该练习是用象限分析法对市场上的灯具造型、色彩等款式进行的调查分析，从中找出市场上灯具款式的走向，从而帮助设计师找到新开发设计灯具的方向与创意，如图 3-35 和图 3-36 所示。

▲图 3-35 象限分析法案例灯具款式分析

◀图 3-36 象限分析法案例灯具款式分析局部

2. 课题名称：照相机款式分析

小组成员：张芝

该练习是用象限分析法对市场上的照相机的造型、色彩等款式进行的调查分析，从中找出市场上照相机款式的走向，从而帮助研发人员和设计师找到开发设计新型照相机的方向与创意，如图3-37和图3-38所示。

图3-37　象限分析法案例照相机款式分析

图3-38　象限分析法案例照相机款式分析局部

3. 课题名称：沙发产品款式分析

小组成员：佚名

该练习是运用象限分析法对市场上的沙发品种形态款式进行的调查分析，从中找出市场上沙发款式的走向，从而帮助研发人员和设计师找到开发设计新型沙发的方向与创意，如图3-39和图3-40所示。

图3-39 象限分析法案例沙发产品款式分析1

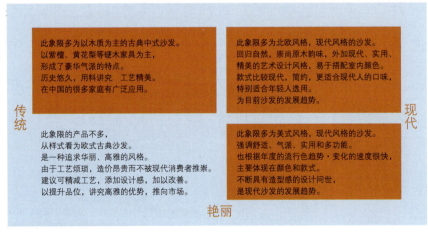

图3-40 象限分析法案例沙发产品款式分析2

4. 课题名称：椅子演变历程分析

小组成员：刘彦伯、吴凡、朱婧铭、李菲

该练习是运用象限分析法对椅子的演变历程做的调查分析，从而让研发人员能够清楚地认识沙发发展和演变的历程、走向和变化痕迹，帮助研发人员归纳、分析、启发、发散思考、寻找开发设计新颖沙发的创意。

（1）案例象限分析法导论。

椅子作为家具的代表产品之一，在经历了几千年文明洗礼之后，不只是提供坐的家具，已经变成了人们生活中不可或缺的一部分，甚至是人类文化和经济在历史长河中发展变化的见证。

从现存最早的古埃及黄金扶手椅到如今多种多样的坐具，椅子经历了一个漫长的发展历程，从重象征性、装饰性，到向重实用性、舒适性发展。然而，发展至今，各种椅子在设计风格方面的界限已经不那么分明，设计的边缘和界限在被不断地打破和重塑，所以对现有椅子设计史的研究和分析变得尤为重要。我们根据从古典到现代、从繁复到简约的线索来重塑椅子的发展，以此在过往的发展经验中寻求新的可能。

（2）案例象限分析法分析如图3-41所示。

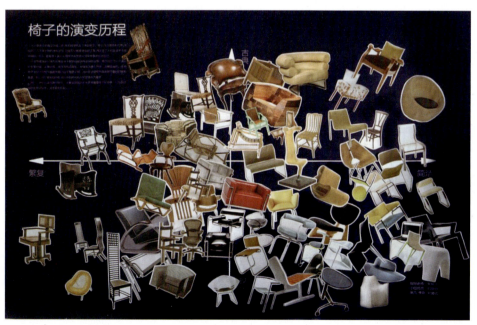

图3-41 椅子的演变历程

（3）案例象限分析法文字描述。

自从人类社会有了阶级观念，就注定社会在历史上的某个时期固定为某个阶层服务。20世纪之前的椅子设计大多华丽繁复或是为少数群体服务的，但却对现代设计的发展有着非比寻常的意义。	从温莎椅到新古典主义运动，古典设计里一直有一些"异类"，如那些平静的、安逸的、书写着属于生活的"悠哉"的椅子设计，但这样的设计深深地影响了后来的现代主义运动。
后现代主义设计师文丘里针对现代主义"Less is more"的口号提出了"Less is bored"，从此大量光怪陆离的椅子的设计开始出现。从激进派到波普主义者，再到后现代设计中的大多数设计师，都将在繁复的世界里狂欢。	20世纪30年代，密斯·凡德罗提出了"Less is more"的口号，在此之前由他和格罗皮乌斯、汉斯梅耶担任校长的包豪斯设计学院和此后的新国际主义设计，都很好地诠释了这一点。简洁的线条，为了批量生产而设计的结构，都为人类的发展做出了巨大的贡献。

（4）椅子形态对比，如图3-42和图3-43所示。

图3-42 象限分析法案例椅子图例一

图3-43 象限分析法案例椅子图例二

（5）象限分析法结论。

从最初的 Designo 到如今的 Design，设计从来没有脱离生活。从法兰西国王路易十六喜爱的镟制椅到美国建筑师沙里宁的郁金香椅，那些历史上著名的设计无不向我们揭示着过往的岁月，以及在那些岁月中，一群美好的年轻人对于美的向往。

思考与练习

（1）什么是象限分析法？

（2）以4个人为一组，运用象限分析法进行训练。

七、KJ 法案例

1. 课题名称：公交车调查

小组成员：王靓羽、沈丹宁、刘芮希、张琪琪、周欢、王荟汀

KJ 法主要是从对事物的分析中找出问题（痛点）和不足，从而发散出解决问题的创意点。此课题是对公交车的调查分析，从"车内设施""安全""环保卫生""人机工程学""行车过程""外观"6个方面进行分析找出问题（痛点）和不足，进而利用发散思维提出解决问题（痛点）的创意方法，如图3-44～图3-46所示。

图 3-44　KJ 法案例一：公交车调查分析

改进策略		
车内设施		1.降低底盘，公交车站站台可与底盘几乎平齐。 2.扶手改进为可升降，可调节的。 3.车座、扶手冬天加软垫，车座改成软座，座位可调节。 4.车座、扶手可改进为以发动机内燃发热。 5.增强防震系统。 6.下雨天上公交车之前，可在投币处安放一个可以雨伞自动套袋的装置，雨伞插进仪器中便可以自动套袋。 7.每个窗都安放一个可以喷暖气的除雾装置。 8.统计到站人数，上车时按下车站人数按下按钮，上下车人数不同时会发出警报。 9.设置一个大件行李放置处。 10.旋转车座。
人机工程学		1.完善按铃下车系统。 2.上车可以刷手机，支持各种手机各种app支付。 3.设置站点到站提示。 4.在公交车站牌处设置联网触屏地图导航系统，支持公交换乘方案。
安全性		1.为公交车门安装防夹功能。 2.设置一个自动烟雾报警装置，感受到烟雾（车内禁烟）会自动喷水，预防火灾。 3.设置多个摄像头，并在车内中央部位安装显示器，预防失窃。 4.设置女性专区，女性专座，预防"咸猪手"。

图 3-45 KJ 法案例一：公交车调查改进策略一

改进策略		
外观		1.按颜色区分各路公交车（参照上海地铁），为各路线设计吉祥物，车体造型和绘制可以更加时尚可爱一点。 2.加强广告设计，对广告进行有效筛选，杜绝低俗广告。 3.车号设计得更加醒目一点，可以在颜色、字体、字号上改进。
环保卫生		1.设置一个空气净化器。 2.安装尾气净化器。 3.每个座位下面可以设置一个自动吸尘装置。
行车过程		1.车内设置一个个路线查询导航系统，在不同车站显示不同灯的颜色（参照上海地铁）。 2.及时更新到站时间、发车时间等。每辆车内安装定位系统，联网卫星同步进行更新（参照有轨电车）。 3.在车后增加摄像头，方便司机观察车后情况。 4.提升司机素质，增强政策管理，杜绝司机拒绝搭载乘客的情况。

图 3-46 KJ 法案例一：公交车调查改进策略二

2. 课题名称：Apple Watch 产品

小组成员：陈衍成、张洋铭、吴尹豪、周一珂、叶徐笑茜

此课题是对苹果公司智能手表的调查分析，从对苹果公司智能手表的分析中找出问题（痛点）和不足，从"外形""隐私""用户体验""软硬件""产品功能""产品价值""其他"等方面进行分析，并找出问题（痛点），进而利用发散思维提出具体解决问题（痛点）的创意改进方案，如图3-47～图3-51所示。

图3-47　KJ法案例二：Apple Watch 产品分析

Apple Watch 改进策略 —— 14 信息 B 陈衍成 张洋铭 吴尹豪 周一珂 叶徐笑茜		
外形	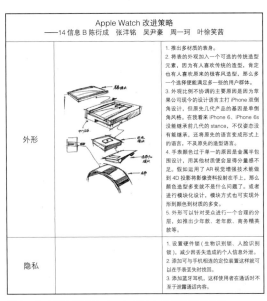	1. 推出多材质的表身。 2. 将表的外观加入一个可选的传统造型元素，因为有人喜欢传统的造型，肯定也有人喜欢原来的极简风造型，那么多一种选择便能满足更多一些的用户群体。 3. 外观比例不协调的主要原因是因为苹果公司现今的设计语言主打 iPhone 双倒角设计，但原先几代产品的基因是单倒角风格。在我看来 iPhone 6、iPhone 6s 没能继承前几代的 stance，不仅姿态没有能继承，还将原先的语言变成形式上的语言，不及原先的造型语言。 4. 手表颜色过于单一的原因是金属半包围设计，用其他材质便会显得分量不足。假如运用了 AR 视觉增强技术才能做到 4D 投影影像资料投射到手上，那么颜色造型多变就不是什么问题了。或者进行模块化设计，模块方式也可以让外形到颜色到材质的多变。 5. 外形可以针对受众进行一个合理的分层，如推出少年款、老年款、商务精英款等。
隐私		1. 设置硬件锁（生物识别锁、人脸识别锁），减少因丢失造成的个人信息外泄。 2. 添加可与手机相连的定位装置这样可以将手表丢失时找回。 3. 添加蓝牙耳机，这样使用者在通话时不会泄露通话内容。

图 3-48 KJ 法案例二：Apple Watch 改进策略示意图一

Apple Watch 改进策略 —— 14 信息 B 陈衍成 张洋铭 吴尹豪 周一珂 叶徐笑茜		
用户体验	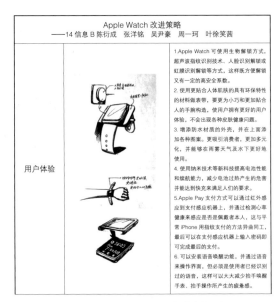	1. Apple Watch 可使用生物解锁方式，超声波指纹识别技术、人脸识别解锁或虹膜识别解锁等方式，这样既方便解锁又有一定的高安全系数。 2. 使用更贴合人体肌肤的具有环保特性的材料做表带，要更为小巧和更加贴合人的手腕构造，使用户拥有更好的用户体验，不会出现各种皮肤健康问题。 3. 增添防水材质的外壳，并在上面添加各种图案。更吸引消费者，更加多元化，并能够在雨雾天气及水下更好地使用。 4. 使用纳米技术等新科技提高电池性能和续航能力，减少电池过热产生的危害并能达到快充来满足人们的要求。 5. Apple Pay 支付方式可以通过红外感应到支付感应机器上，并通过检测心率健康来感应是否是佩戴者本人，这与平常 iPhone 用指纹支付的方法异曲同工，最后可以在支付感应器上输入密码即可完成最后的支付。 6. 可以安装语音唤醒功能，并通过语音来操作界面，但必须是使用者已经识别过的语音，这样可以大大减少抬手唤醒手表、抬手操作所产生的疲惫感。

图 3-49 KJ 法案例二：Apple Watch 改进策略示意图二

Apple Watch 改进策略 —— 14 信息 B 陈衍成 张洋铭 吴尹豪 周一珂 叶徐笑茜		
软硬件	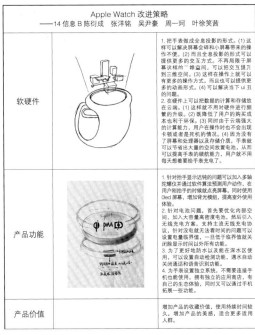	1. 把手表做成全息投影的形式。(1) 这样可以解决屏幕会碎和小屏幕带来的操作不便。(2) 而且全息投影的形式可以提供更多的交互方式。不再局限于屏幕这样的一维空间。(3) 这样在操作上就可以有更多的操作方式，而且也可以提供更多的动画形式。(4) 可以解决当下的 ui 丑的问题。 2. 在硬件上可以把数据的计算和存储放在云端。(1) 这样就不用对硬件进行频繁的升级。(2) 既降低了用户的购买成本也有利于环保。(3) 同时由于云端强大的计算能力，用户在操作时也不会出现卡顿或者是死机的情况。(4) 因为没有了屏幕和处理器以及存储的介质，手表就可以节省出大量的空间放置电池，从而可以提高手表的续航能力，用户就不用每天想着要给手表充电了。
产品功能		1. 针对抬针显示迟钝的问题可以加入多轴陀螺仪并通过软件算法预测用户动作，在用户刚抬手的时候就点亮屏幕，使用 Oled 屏幕，增加背光模组，提高室外使用体验。 2. 针对电池问题，首先要优化内部空间，加入大容量高密度电池，然后引入无线充电方案，支持主流无线充电协议，针对没电就无法看时间的问题可以设置电量临界值，一旦低于临界值就关闭除显示时间以外所有功能。 3. 为了更好地防水以及能在深水区使用，可以设置自动检测功能，遇水自动关闭通话和语音识别功能。 4. 为手表设置独立系统，不需要连接手机也能使用，拥有独立的应用商店，有自己的生态体验，同时又可以通过手机拓展任意一些功能。
产品价值		增加产品的收藏价值，使用持续时间较久，增加产品的美感，适合更多适用人群。

图 3-50 KJ 法案例二：Apple Watch 改进策略示意图三

Apple Watch 改进策略 —— 14 信息 B 陈衍成 张洋铭 吴尹豪 周一珂 叶徐笑茜		
其他	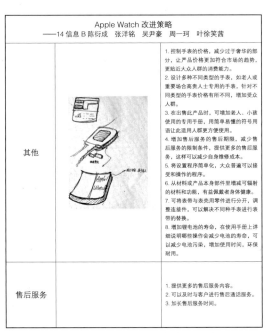	1. 控制手表的价格，减少过于奢华的部分，让产品价格更加符合市场的趋势，更贴近大众人群的消费能力。 2. 设计多种不同类型的手表，如老人或重要场合高贵人士专用的手表，针对不同类型的手表价格有所不同，增加受众人群。 3. 在出售此产品时，可增加老人、小孩使用的专用手册，用简单易懂的符号用语让此适用人群更方便使用。 4. 增加售后服务的限制条件，提供更多的售后服务，这样可减少自身维修成本。 5. 将设置程序简单化，大众普遍可以接受和操作的程序。 6. 从材料或产品本身部件里增减可辐射的材料和功能，有益佩戴者身体健康。 7. 可将表带与表壳用零件进行分开，调整连接件，可以解决不同手表进行表带的替换。 8. 增加锂电池的寿命，在使用手册上详细说明哪些操作会减少电池的寿命，可以减少电池污染，增加使用时间，环保耐用。
售后服务		1. 提供更多的售后服务内容。 2. 可以及时与客户进行售后通话服务。 3. 加长售后服务时间。

图 3-51 KJ 法案例二：Apple Watch 改进策略示意图四

3. 课题名称：抽油烟机

小组成员：何逸宁、于若涵、孙晨儿、张秋仪、黄健宇、李子涵

此课题是对抽油烟机的调查分析，通过对抽油烟机的调查分析找出问题（痛点）和不足，从"外形""安全""功能""制作与技术""售后""环保""清洁""人机关系"8个方面进行分析找出问题（痛点），进而利用发散思维提出解决问题（痛点）的创意改进方案，如图3-52和图3-53所示。

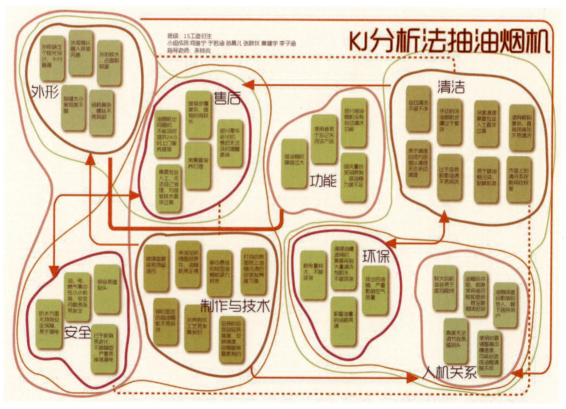

图3-52　KJ法案例三：抽油烟机的分析示意图

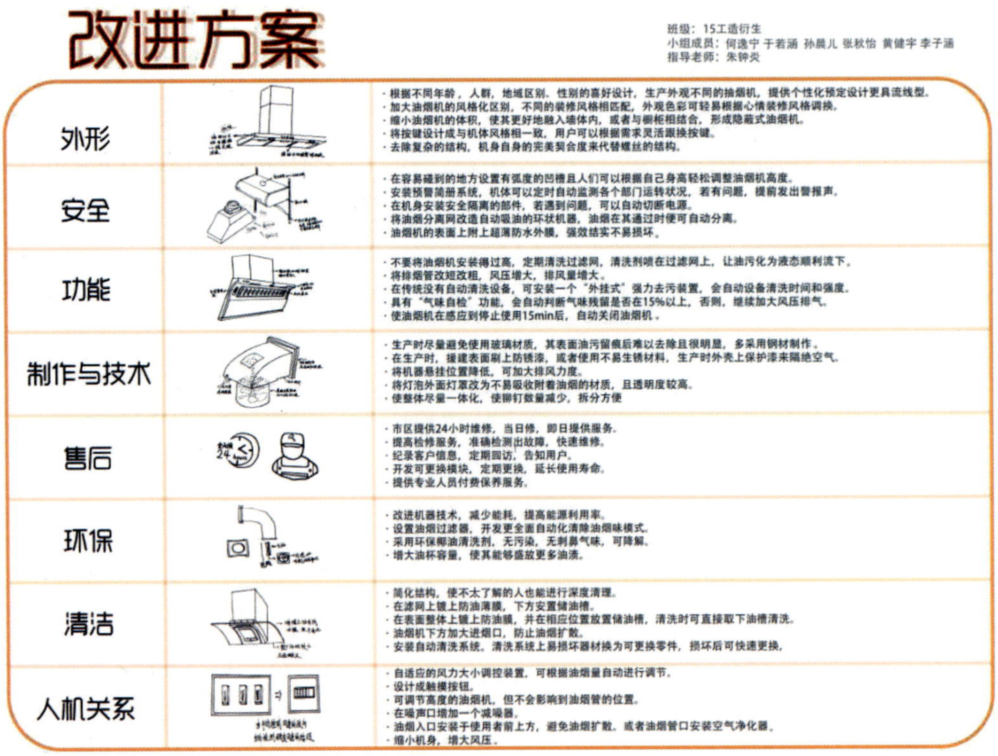

图 3-53　KJ 法案例三：抽油烟机的改进方案示意图

4. 课题名称：学生寝室床位

小组成员：傅雨薇、叶思雨、易璇菲、陈亦诗、杨淑姗、郭翰维、郑淑婷

此课题是对学生寝室床位的调查分析，从对寝室床位的分析中找出问题（痛点）和不足，主要从"空间""材质""安全""便捷""舒适"5个方面进行分析找出问题（痛点），进而利用发散思维提出解决问题（痛点）的创意改进方案，如图 3-54～图 3-56 所示。

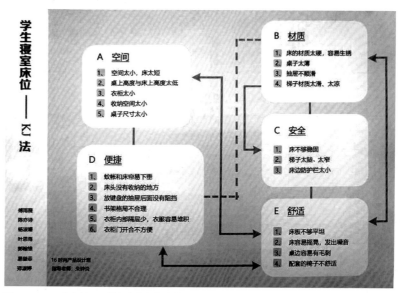

图 3-54 KJ 法案例四：学生寝室床位的分析示意图

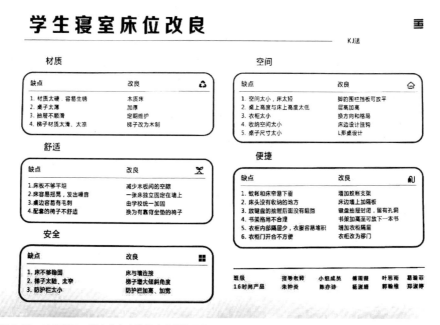

图 3-55 法案例四：学生寝室床位的改良创意示意图

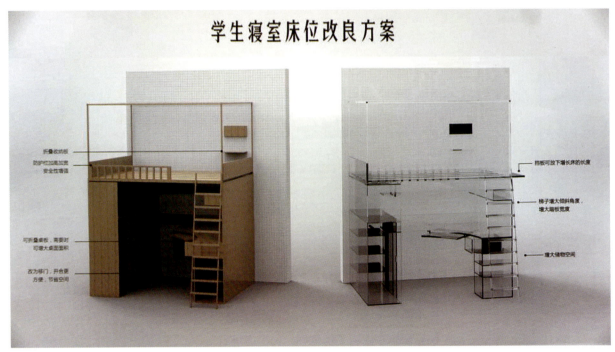

图 3-56 KJ 法案例四：学生寝室床位的改良方案图

思考与练习

（1）什么是 KJ 法？

（2）以 4 个人为一组，运用 KJ 法进行训练。

八、NM 法案例

1. 课题名称：厕所设施改进分析

小组成员：孙晨儿、张秋仪、何逸宁、于若涵、黄健宇、李子涵

此部分 NM 法练习是针对厕所设施改进进行的练习，从提出的"隐私性""舒适性""安全性""便捷性"4 个关键词出发，在 QA 阶段进行发散思维，在 QB 阶段从发散思维生成的事物中进行逻辑推理得到启发，在 QC 阶段提出改进厕所设施的创意方案，具体内容如图 3-57～图 3-61 所示。

厕所设施改进建议

班级：15衍生
小组成员：孙晨儿 张秋怡 何逸宁 于若涵 黄健宇 李子涵
指导老师：朱钟炎

KW	QA	QB	QC	KW	QA	QB	QC
隐私性	静音噪声	消音器	厕所内配有消音装置，既可以消除外部噪声干扰，也可以消除如厕时的尴尬声音。	安全性	防火防震	防火外墙	厕所内墙设计成防火的材料，采用抗震的装置，危急情况可以形成保护区。
	乐曲水流声	音乐	厕所内装有可以发出水流声与音乐的设备，既可以消除尴尬，又可以在如厕时舒缓情绪。		防病毒清洁	自动消毒座垫	马桶座垫可以自动消毒，厕所内带有过滤有害气体的装置。
	除臭通风	排风扇及香薰除臭装置	厕所内装有除臭设备，可以消除异味，保持空气流通，营造良好的环境。		幼儿圆角	安装软质防撞垫	各物体边边角采用圆滑的设计，软性防撞，或者可以更换环保垫子。
	挡帘锁	自动门帘锁装置	当人们进入厕所时，厕所门将自动关闭并锁上，当人如厕完时，自动开启。		水温防烫伤	自动水温调节	洗手台的水汽根据季节自动调节温度，有应急降温装置，需要热水时控制按键。
舒适性	烘干擦手	烘干机烘干擦手	烘干机可置毛巾，烘干的同时擦拭手。	便捷性	加热座垫	加热附件使座垫加热	可根据个人喜好调节座垫温度的按键。
	卫生纸自动	自动抽纸卫生纸	卫生纸可以替换，马桶冲水后卫生纸自动划出。		防水慢冲水	冲水量可调控	方便地选择冲水量，不同按键对应不同充水量。
	座垫靠背	座垫可调靠背	座垫和靠背有自动按摩调节合适角度功能。		高度扶手	可调节高度的扶手	厕所设置按键，可以调节扶手的高度，可以声控。
	挂钩镜子	镜子旁可以放置物架	镜子和收纳置物可以设计成为一体。		清洁除臭	抽风吸味的机器	厕所可自动清洁，快速除去臭味，各个角度释放。
	色彩图案	厕所个性化颜色图案	厕所内置有个性化丰富的颜色和图案。		烘干除湿	烘干机	可以多角度快速烘干的工具，可以自动除湿的地面。

图 3-57　NM 法案例一：厕所设施改进建议

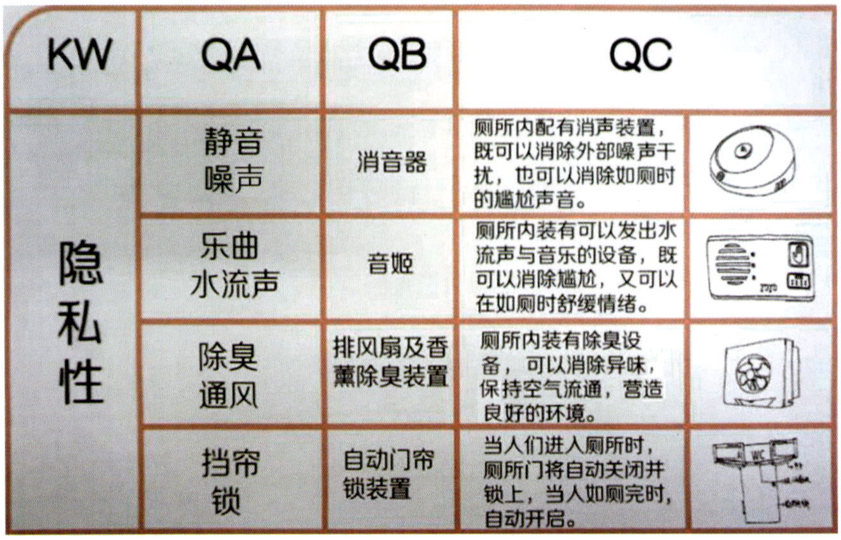

KW	QA	QB	QC	
隐私性	静音噪声	消音器	厕所内配有消声装置，既可以消除外部噪声干扰，也可以消除如厕时的尴尬声音。	
	乐曲水流声	音姬	厕所内装有可以发出水流声与音乐的设备，既可以消除尴尬，又可以在如厕时舒缓情绪。	
	除臭通风	排风扇及香薰除臭装置	厕所内装有除臭设备，可以消除异味，保持空气流通，营造良好的环境。	
	挡帘锁	自动门帘锁装置	当人们进入厕所时，厕所门将自动关闭并锁上，当人如厕完时，自动开启。	

图 3-58　NM 法案例一：厕所设施改进建议局部一

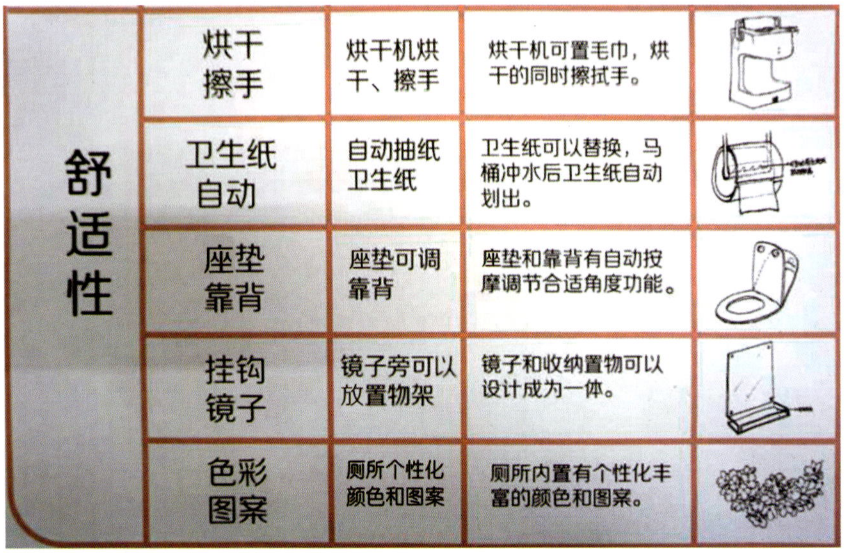

	烘干擦手	烘干机烘干、擦手	烘干机可置毛巾，烘干的同时擦拭手。	
舒适性	卫生纸自动	自动抽纸卫生纸	卫生纸可以替换，马桶冲水后卫生纸自动划出。	
	座垫靠背	座垫可调靠背	座垫和靠背有自动按摩调节合适角度功能。	
	挂钩镜子	镜子旁可以放置物架	镜子和收纳置物可以设计成为一体。	
	色彩图案	厕所个性化颜色和图案	厕所内置有个性化丰富的颜色和图案。	

图 3-59　NM 法案例一：厕所设施改进建议局部二

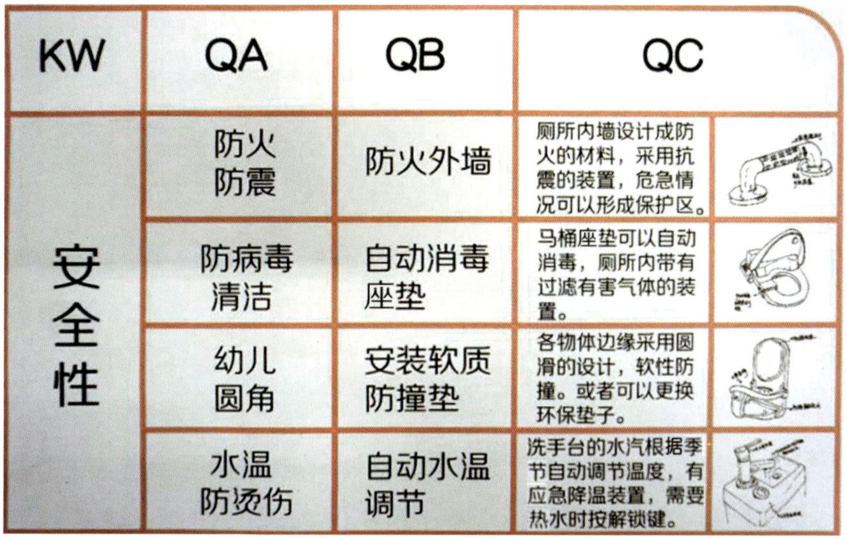

KW	QA	QB	QC	
安全性	防火防震	防火外墙	厕所内墙设计成防火的材料，采用抗震的装置，危急情况可以形成保护区。	
	防病毒清洁	自动消毒座垫	马桶座垫可以自动消毒，厕所内带有过滤有害气体的装置。	
	幼儿圆角	安装软质防撞垫	各物体边缘采用圆滑的设计，软性防撞。或者可以更换环保垫子。	
	水温防烫伤	自动水温调节	洗手台的水汽根据季节自动调节温度，有应急降温装置，需要热水时按解锁键。	

图 3-60 NM 法案例一：厕所设施改进建议局部三

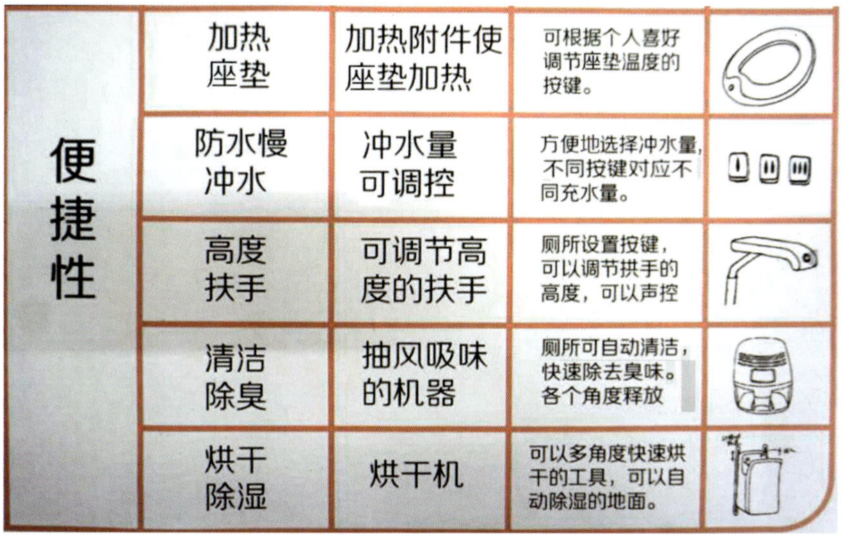

便捷性	加热座垫	加热附件使座垫加热	可根据个人喜好调节座垫温度的按键。	
	防水慢冲水	冲水量可调控	方便地选择冲水量，不同按键对应不同充水量。	
	高度扶手	可调节高度的扶手	厕所设置按键，可以调节拱手的高度，可以声控	
	清洁除臭	抽风吸味的机器	厕所可自动清洁，快速除去臭味。各个角度释放	
	烘干除湿	烘干机	可以多角度快速烘干的工具，可以自动除湿的地面。	

图 3-61 NM 法案例一：厕所设施改进建议局部四

2. 课题名称：手表信息显示问题分析

小组成员：毛歆怡、吕小敏、郭方、朱莉莉、穆嘉、高佳

该 NM 法练习是对手表信息显示问题进行分析，从提出的"可见""告知""触觉"3 个关键词出发，在 QA 阶段进行发散思维，进入 QB 阶段从发散思维生成的事物中进行逻辑推理得到分析资讯，进入 QC 阶段运用 KJ 法整理分析并提出手表信息显示的创意方案，具体内容如图 3-62～图 3-68 所示。

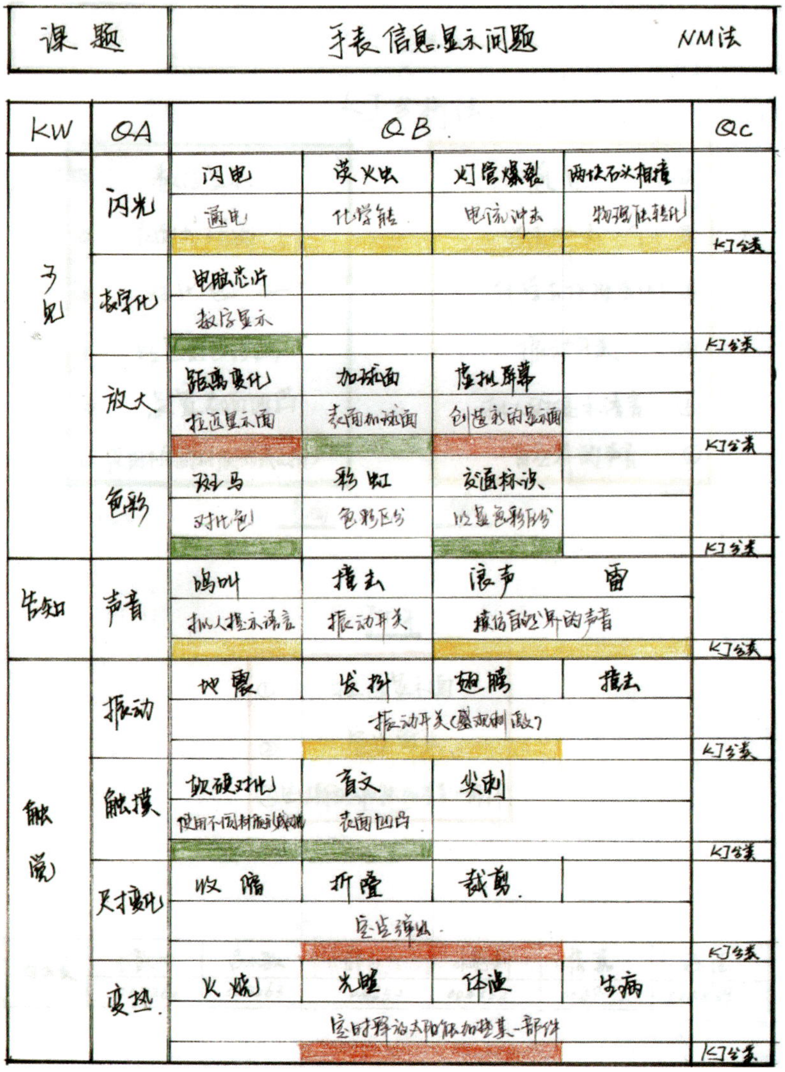

图 3-62 NM 法手表信息显示问题分析

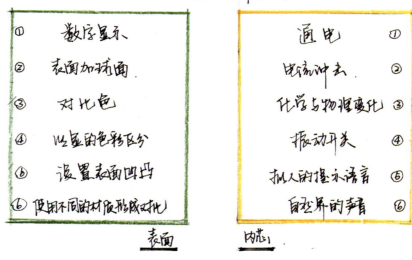

图 3-63 KJ 分析法手表信息显示问题改进创意

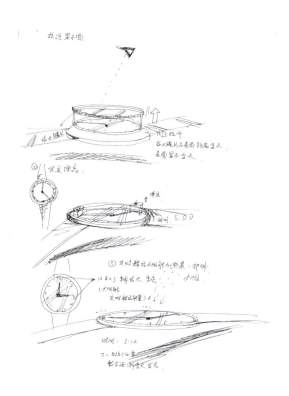

图 3-64 NM 法手表信息显示问题改进创意示意图一

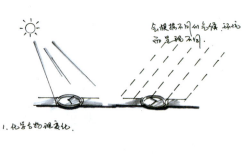

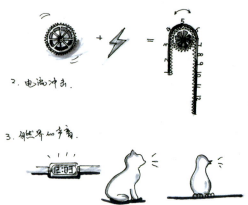

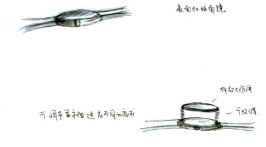

图 3-65 NM 法手表信息显示问题改进创意示意图二

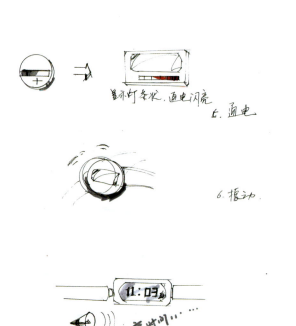

图 3-66 NM 法手表信息显示问题改进创意示意图三

图 3-67 NM 法手表信息显示问题改进创意示意图四

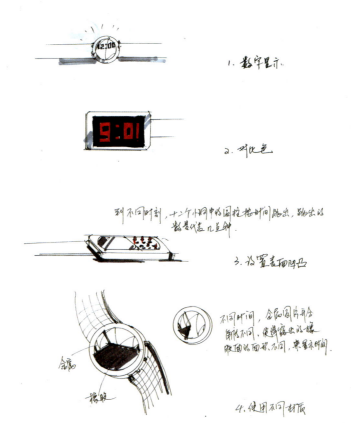

图 3-68 NM 法手表信息显示问题改进创意示意图五

3. 课题名称：全天候便携帽子分析

小组成员：段昺东、罗旌存、洪国梁、汤斌

该 NM 法练习是对开发全天候便携帽子的分析，从提出的"外观""温度控制""保护性""便携性"4 个关键词出发，在 QA 阶段进行发散思维，进入 QB 阶段从发散思维生成的事物中进行逻辑推理得到分析资讯，进入 QC 阶段进行创意发散思维并提出全天候便携帽子的创意方案，具体内容如图 3-69 所示。

全天候便携帽子 NM 法分析 All-weather Portable Hat

小组成员：段昺东 罗旌存 洪国梁 汤斌   指导老师：朱琳艮

KW	QA	QB	QC	KW	QA	QB	QC
外观	风雪帽	帽墙成三翻式	全方位防护，面部采用棉扣方式，颈部采取护颈设	保护性	防雨	帽子采用防水面料	光线感受器，不同光线照射强度，改变帽檐长度、弧度等，帽檐可以拆分，能适应天气的突变
	雨帽	光滑面料，宽大帽身	帽顶半球形，后檐采用叠加设计，前边宽用帽檐，并瓦遮冬可硬化		防风	与衣服更好地结合	延长帽子两侧长度使其与衣服结合保护面部，从而起到防风作用
	太阳帽	帽顶呈半球形、前檐、两侧加强帽边			防晒	可以改变的帽檐	
	草帽	圆顶，下宽圆帽檐	圆顶软质帽子，帽檐由六边形硬化六边形组合而成，不怕折叠，外坚挺，体积小，方便携带		防尘	帽子具有包裹性，有简易口罩功能，可以保护到口鼻	帽子包裹面部，减少面部暴露面积，可以使灰尘不直接进入口鼻
	贝雷帽	无檐软质布式				帽口与皮肤更贴合地布接	帽子采用束头方式，并且帽口有松紧绷或者束带装置
	安全帽	浅圆顶帽子，由帽壳、帽衬、下颏带和后箍组成	流线圆顶，四周具有通风口，帽壳内部有电风扇，可调空间内，外口可调节帽箍		抗噪	可以安装降噪耳机	通过帽子两侧带有防尘口罩，降噪耳机
	工作帽	较大圆形的帽子前成，外口收有坚绷			防撞	内部有缓冲材料	帽子顶部和耳毛贴合以加强抗冲击防撞部件
	旅游帽	帽顶呈流线线条弧型，帽檐很长	礼帽外形，采用拉绳处理，达到旅游能功能		防火	采用防火材料	采用防火材料，并帽子有更强的包裹设计，尽可能大的保护皮肤
	礼帽	圆顶，下宽圆帽檐				皮肤与帽子有一定距离缓冲温度	通过帽壳结构远离皮肤与帽子的直接接触
					防虫	防止蚊虫叮咬	
温度控制	气温提醒	温度传感器检测	实时温度检测，当温度达到设定值时自动报警	便携性	可折叠	帽身采用柔性材质，方便折叠	采用可折叠小单位组合，类似三宅一生的包，拆开关节处可折叠
	降低温度	微型电风扇	帽顶出有太阳能电池发电，在帽内电风扇给给		轻量化	整体采用轻型材质 极简化设计	采用轻型材料，外形极简，去除不必要的材料，极简化设计
	散热通风	通风散热	帽身有透气孔，热时可戴，冷时可关，与温度传感器配合		体积小	具有收缩性	充气式设计，安装充气气嘴，帽子与气芯，不用时放气折叠存放
	保持温度	可拆卸的内胆	在帽身内加一内胆，起到保持一定温度的作用		可拆分	部件可拆卸	将帽子分为各部分，不用时拆卸存放

图 3-69 NM 法全天候便携帽子的分析创意示意图

思考与练习

（1）什么是 NM 法？

（2）以 4 个人为一组，运用 NM 法进行训练。

九、7×7法案例

此部分以家电产品的创新为例来讲解7×7法。

首先，收集家电产品的创意、想法信息，并写在卡片上，如"灯泡坏了，可以自动交换灯泡的灯具""能给后背抓痒的机械"等。

其次，对家电产品的创意、想法信息进行分类，以能进行商品化的目的为分类基准，以"市场性"为主进行分类，并进一步以"技术""价格""安全性"等比较引人注意的项目加以分类。在分类整理时，排除那些不太现实的想法，并将类似的想法加以合并，如图3-70、图3-71和表3-16所示。

小组化

首先将收集的家电产品的创意、想法信息写在卡片上。白色家电（如电冰箱、电饭煲等）使用白色卡片，黑色家电（如电视机、电脑等）使用黑色或蓝色卡片，其他小型家电使用粉色或粉绿色卡片。

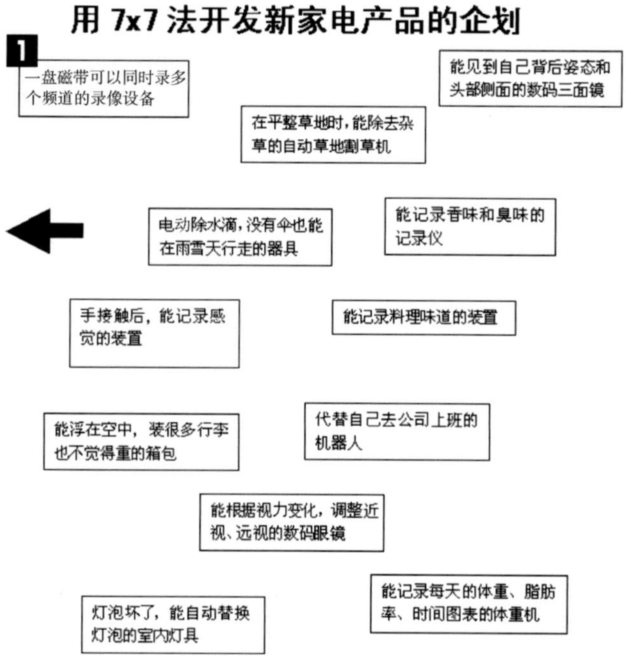

图3-70　7×7法开发新家电产品步骤一

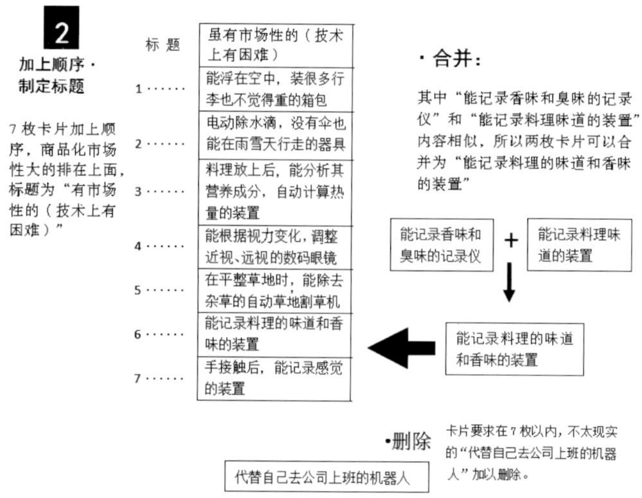

图3-71　7×7法开发新家电产品步骤二

7×7 网格板

将全部卡片进行排列审视，主要是从"市场性"的角度去排列。在实际操作中，也可用电脑进行排列操作。虽然用卡片排列也能很快地完成作业，但用电脑来操作会更便捷。可以从训练开始就用电脑在 7×7 网格板中排列所有的卡片。

表3-16　7×7法开发新家电产品步骤三

	1. 有市场性（技术上可能）	2. 市场性稍有困难（技术上可能）	3. 有市场性（低价格化，可作为课题）	4. 虽有市场性（技术上还需商讨）	5. 虽有市场性（技术上有困难）	6. 虽有市场性（安全上需商讨）	7. 市场性有问题
1	灯泡坏了，能自动替换灯泡的室内灯具	能洗餐具且具有干燥功能的洗衣机	不用手能刷牙的烟嘴型电动牙刷	只要放入米，就能自动淘米煮饭的电饭煲	能浮在空中，装很多行李也不觉得重的箱包	保持每天相同的发型和长度的家庭用理发装置	自动化装置
2	有记录每天的步行数的显示屏，可显示图表的数码计步器	条形码扫描后，放入的食品、饮料可以在显示屏上显示的电冰箱	使用气帘，在户外或阳台上制作温室空间的装置	有火焰的、能做中国菜的电气烹调器	电动除水滴，没有伞也能在雨雪天行走的器具	电动指甲刀	在夏天能制冷的暖炉
3	能记录和显示每天的体重、脂肪率、时间图表的体重机	装在天花板上的、可躺着看的电视机	能根据粪便量的多少自动调整冲水量的厕所	能瞬间录音的MD录音机	料理放上后能分析其营养成分，并能自动计算热量的装置	电气化防止脚气的鞋垫	可以一边泡澡一边使用的笔记本电脑
4	拥有太阳能电池，不用单独充电的MD等录放机	能自动擦鞋油的擦鞋机	瞬间干燥粪尿的简易厕所	一盘磁带可以同时录多个频道的录像设备	能根据视力变化，调整近视、远视的数码眼镜	在行走时也能使用的自动按摩机	可与录像机结合为一体的数码望远镜
5	能把报纸版面原样显示在液晶屏上的专用PDA	能见到自己背后姿态和头部侧面的数码三面镜	能通过声控来控制开关、变换频道、录音录像和再播放的电视机	耳机一体型头戴式立体声音响	在平整草地时，能除去杂草的自动草地割草机	雨雪天能自动干燥的鞋	能够将图像投放到电视机荧幕上的天文望远镜
6	能做菜的电饭煲	能自动清洗的榨汁机	能自动调整水量的水龙头	装在口腔中的耳机	能记录料理的味道和香味的装置	能自动打领带的机械	通过声控自动弹出纸币和硬币的钱包
7	自动制面机	能一边洗澡一边看书报杂志的信息终端	利用逆位相音波的家庭用防音装置	有一定空间可以吸烟的装置	手接触后能记录感觉的装置		能给后背抓痒的机械

1. 课题名称：出行

小组成员：沈楠、戴天、程璐、张永超、费筱缘、郦妃扬

该 7×7 法练习是以如何安全、健康、愉快地出行为中心的创意发散，然后将创意点分组，按照"交互""现代""生活""地域特色""情怀""医疗""出行"7 组进行创意整理，具体内容如图 3-72 所示。

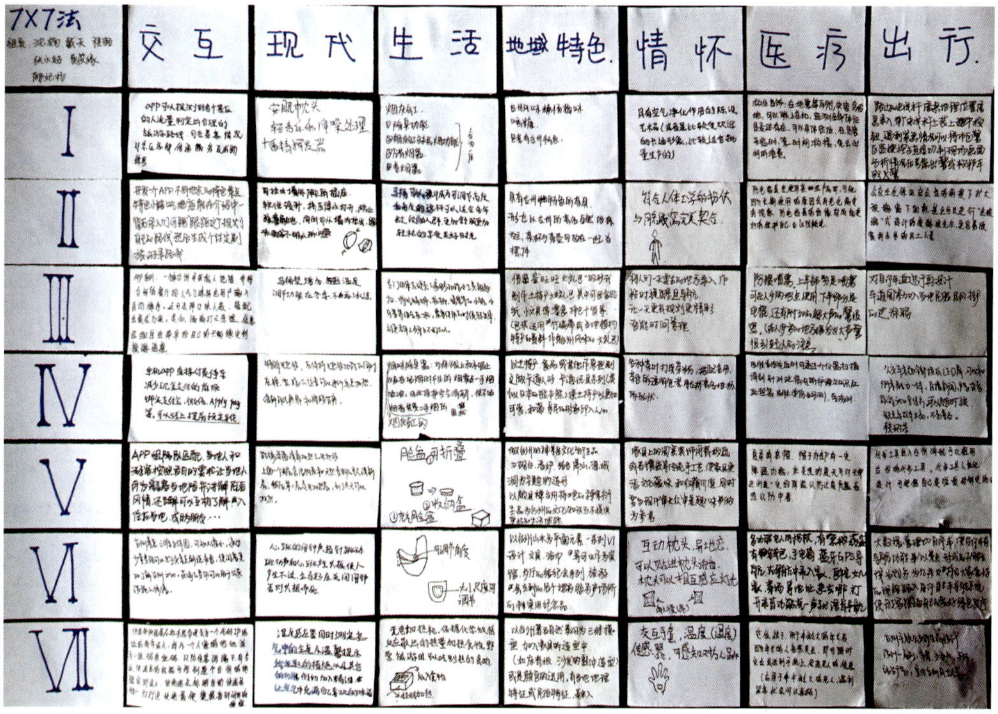

图 3-72 7×7 法练习：出行

2. 课题名称：难民生存指南

小组成员：孙晨儿、何逸宁、于若涵、黄健宇、张秋怡、李子涵

该7×7法练习是以应对自然灾害等突发事件时难民生存指南为中心的创意发散，将创意点分组，按照"医疗救助""多功能产品""食物与水源""教育交流""智能搜救""便携用品""物质检测"7组进行创意整理，具体内容如图3-73所示。

图3-73 7×7法练习：难民生存指南

3. 课程名称：宠物管理

小组成员：郑雨峰、吴苏立、张楠、张薇、刘蓓蓓、王靓、陈美辰

该7×7法练习是以如何安全健康地饲养、管理宠物为中心的创意发散，将创意点分组，按照"保护主人""移动端应用""方便人类""人宠交互""宠物居家""宠物防护""宠物健康"7组进行创意整理，具体内容如图3-74所示。

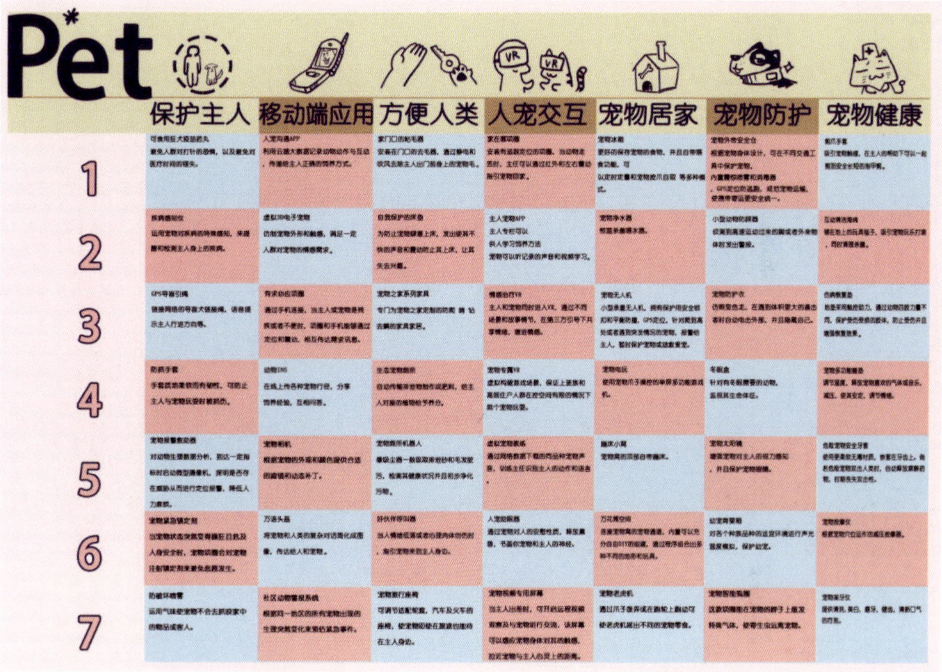

图3-74 7×7法练习：宠物管理

思考与练习

（1）什么是7×7法？

（2）以4个人为一组，运用7×7法进行训练。

十、系统造型法（五段法）案例

课题名称：系统造型法（五段法）案例练习

小组成员：胡雅婷、林思婷、傅安妮、沙洁、傅程姝、易静、李正云、陈可嘉、邓增柱、冯超、王猛猛、蒋响青、金忆、孙誉佳

此部分系统造型法（五段法）案例均以图例自身做演示说明，并以演示做练习参考，如图3-75～图3-96所示。

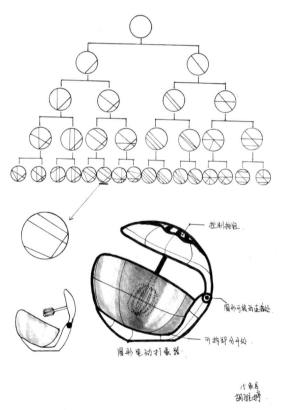

图3-75 系统造型法（五段法）案例一

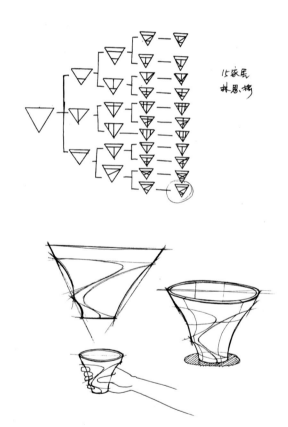

图3-76 系统造型法（五段法）案例二

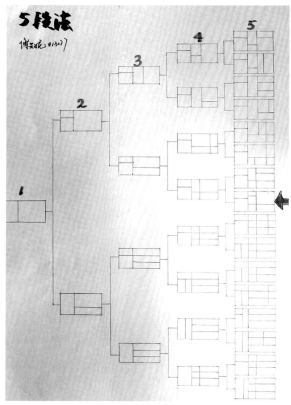

图 3-77　系统造型法（五段法）案例三（1）

图 3-78　系统造型法（五段法）案例三（2）

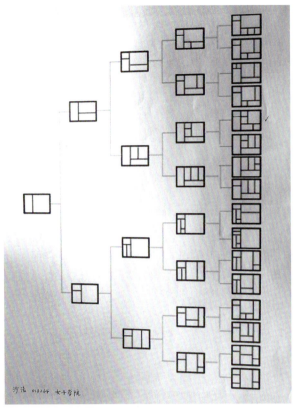

图3-79 系统造型法（五段法）案例四（1）

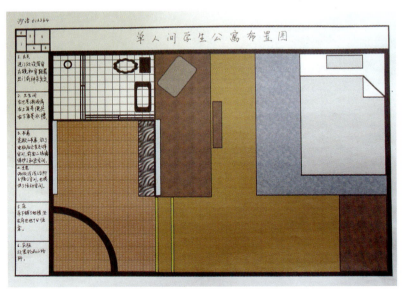

图3-80 系统造型法（五段法）案例四（2）

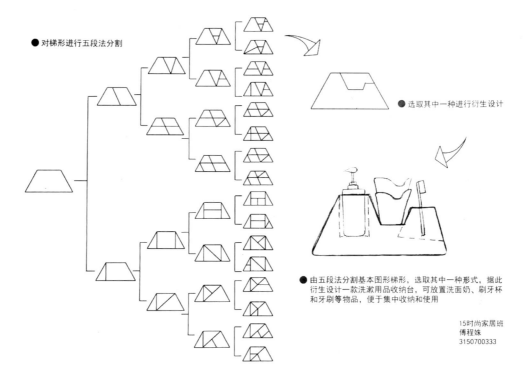

图 3-81　系统造型法（五段法）案例五

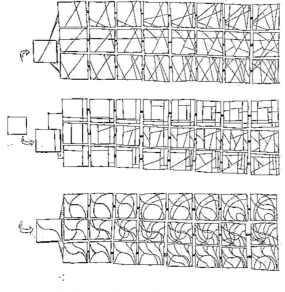

图 3-82　系统造型法（五段法）案例六（1）

图 3-83　系统造型法（五段法）案例六（2）

第三章　方法运用篇　123

图 3-84 系统造型法（五段法）案例七（1）

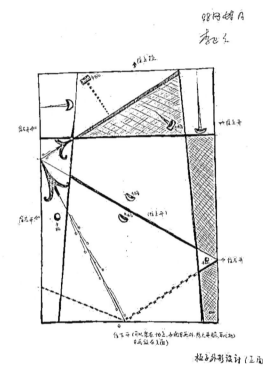

图 3-85 系统造型法（五段法）案例七（2）

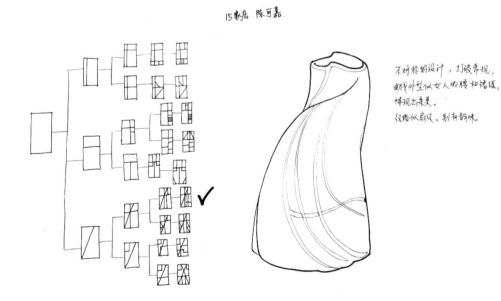

图 3-86 系统造型法（五段法）案例八

124　创意思维方法

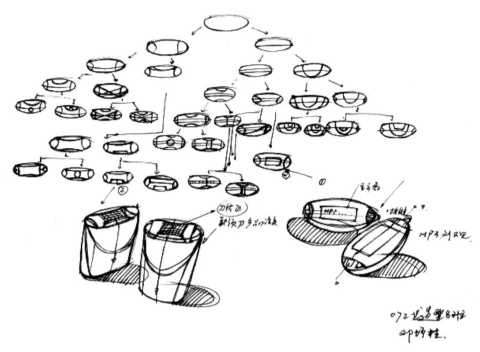

图 3-87　系统造型法（五段法）案例九

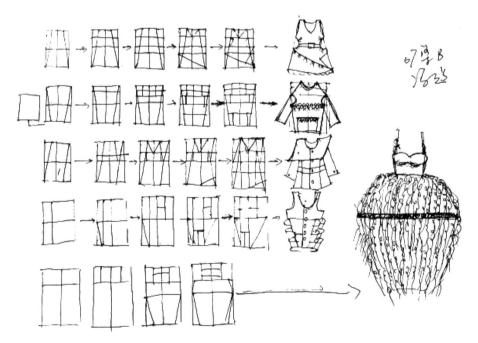

图 3-88　系统造型法（五段法）案例十

图 3-89　系统造型法（五段法）案例十一（1）

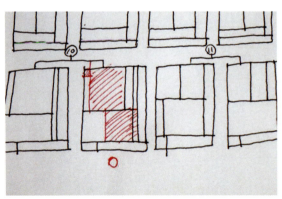

图 3-90　系统造型法（五段法）案例十一（2）

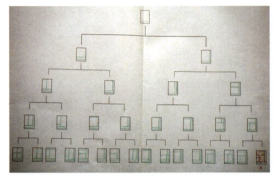

图 3-91　系统造型法（五段法）案例十一（3）

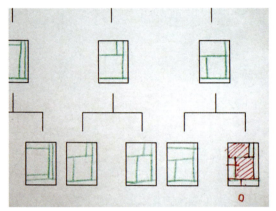

图 3-92　系统造型法（五段法）案例十一（4）

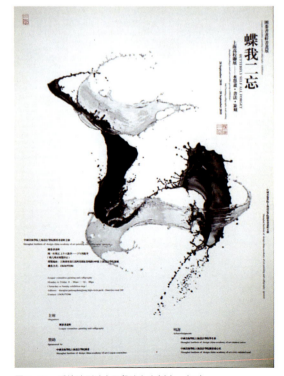

图 3-93　系统造型法（五段法）案例十一（5）

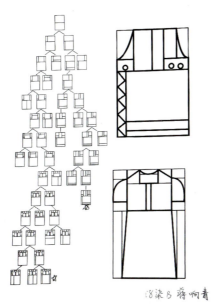

图 3-94 系统造型法（五段法）案例十二

图 3-95 系统造型法（五段法）案例十三

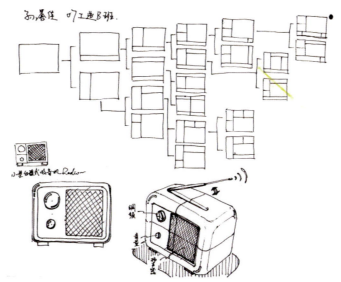

图 3-96 系统造型法（五段法）案例十四

思考与练习

（1）什么是系统造型法（五段法）？

（2）每人运用系统造型法（五段法）进行形态训练。

十一、基本形态扩展法（造型训练法）案例

课题名称：基本形态扩展法（造型训练法）案例练习

小组成员：王馨贤、傅程姝、周莎莎、楼蝉瑜、朱妍霖、全智等

此部分基本形态扩展法（造型训练法）案例练习，均以图例自身做演示说明和练习参考，如图 3-97～图 3-104 所示。

图 3-97　基本形态扩展法（造型训练法）案例一

图 3-98 基本形态扩展法（造型训练法）案例二

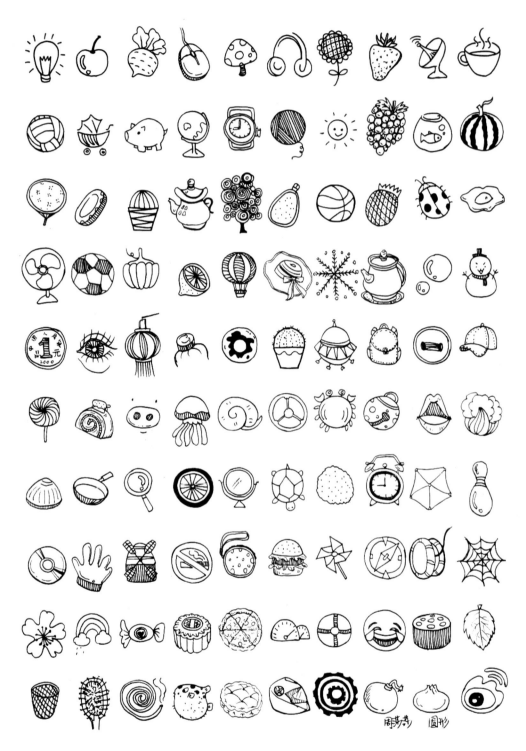

图 3-99 基本形态扩展法（造型训练法）案例三

图 3-100 基本形态扩展法（造型训练法）案例四

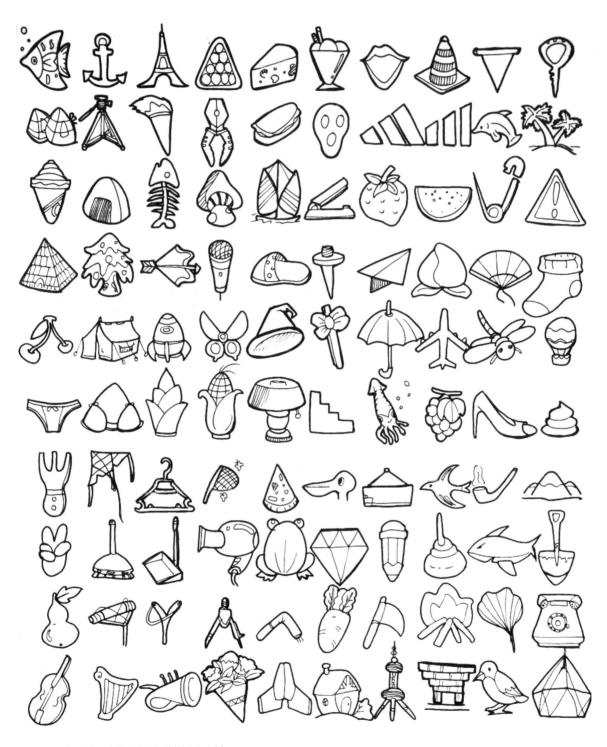

图 3-101 基本形态扩展法（造型训练法）案例五

图 3-102 基本形态扩展法（造型训练法）案例六

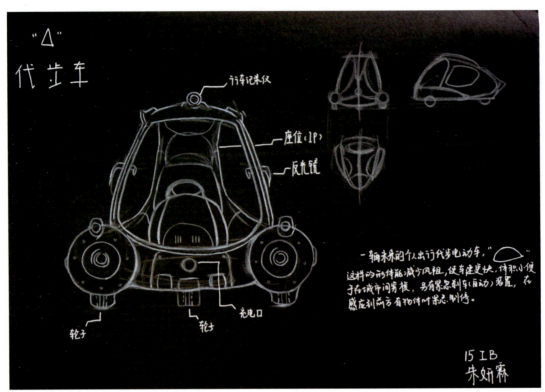

图3-103　基本形态扩展法（造型训练法）案例七

图3-104　基本形态扩展法（造型训练法）案例八

思考与练习

（1）什么是基本形态扩展法（造型训练法）？

（2）每人运用基本形态扩展法（造型训练法）进行形态训练。